ばさないBOOKS 4

水の沖縄プロジェクト

水とアートと沖縄

新しい芸術運動を目指して

浅野春男 編

ボーダーインク

はしがき

二一世紀を迎えて、私たちの宇宙に対する見方にはある変化が生じました。ＮＡＳＡの探索機マーズ・グローバル・サーベイヤーズが、火星の地表にかつて水が存在したのではないかと思われる地形を次々に発見したと報じられました。また、火星から飛来したとされる隕石のなかに見つかった走磁性細菌は生命の存在の可能性を示すとも考えられています。

火星の地中深く大量の水が氷として眠っているのではないか、という説も出ています。私たちは水に限りない生命の神秘を感じます。水は生命の存在に欠かせない。しかし生命の源である水が、いまわかっている限り、豊かな液体の水として存在するのは銀河系宇宙のなかで地球だけです。

「水の沖縄プロジェクト」は、この不思議な「水」とアートとの関係を探りたいと考えて、二〇世紀の最後の年、つまり二〇〇〇年の六月十日に沖縄で誕生した新しいタイプの芸術運動の名称です。その活動は当初の予定通り、五年間の活動期間の後、二〇〇五年三月末をもって終了する予定です。この本は、「水の沖縄プロジェクト」で五年間のうちに開催された二三回を数える研究会に基づいて編纂されました。「水」と沖縄、アート、あるいは環境問題など、

「水」をめぐるさまざまな論考から成り立っています。

私たちは水をめぐるさまざまな研究会を開催しながら、それらを養分として、芸術の問題を考えることを目指しました。なぜ地域に根差し、環境への眼差しをもって、二一世紀の「水」のアートを模索してきたのかといえば、「水」が芸術表現と密接に関連すると思ったからです。けれども、西洋文明によって指導された二〇世紀の近代芸術は芸術家の個性と人為を尊重するあまり、自然環境にたいする関心が希薄で、水や大気をおろそかにする欠陥がありました。いささか冗談めかして、異種文化交流スペースとも銘打たれた、このプロジェクトは「水」をキーワードにして、沖縄で新しい芸術表現と文化論の場所を作りたいという考えから誕生しました。とくに芸術の創作者と研究者の間にある垣根を取り払いたいという気持がありました。理論的な研究会と表現活動とを結び付けたいと思いました。

このプロジェクトには初め、四つの目標がありました。一つめは「水」の主題のもとに、美術および他の文化領域との横断的な知の形成を目指したいということ、二つめは池田一という作家の沖縄での活動を支えること、三つめとして沖縄の現代美術の発展に寄与し、最後に、東南アジアおよび沖縄の芸術家たちのあいだのネットワークを形成したいという考えです。いま思えば、かなり野心的で身の程知らずでありました。残念ながら、このうち、二番目の池田さんとの協力関係は二〇〇一年七月をもって終了していますし、東南アジアの美術家との交流はタイの一人の作家を除いては実現しませんでした。私たちが当初思い描いていたほど、組織としての会員数は増えず、実際にはほんの一握りの人びとが手弁当で集まったものとなり、現実に沖縄の芸術や文化の状況に大きな影響力を与えるものとはなりませんでした。

しかし、この本が示しているように、「水の沖縄プロジェクト」が提起した事柄には、大きな広がりと問題意識の深さがあるのではないかと考えています。なぜならこれまでのアートが「水」を把握できたとは思えないからです。いま、二一世紀を迎えて、人びとは自然破壊、環境汚染、近代的疫病などの諸問題に直面し、近代文明と芸術のありかたを反省する時期がやってきました。いうまでもなく「水」は環境問題を考える基本です。「水」は芸術を、人間をふくめたあらゆる生命の基本に立ち返った地点から考えることをうながします。「水」は諸芸術の分断とその閉塞状況に再考をもとめ、西洋文明にたいして、東洋ないしアジア、沖縄から発想する、新しい文明論のキーワードとなるものです。私たちは作家と理論家のあいだにある垣根、文学と音楽や美術とのあいだにある境界、それらを取り払い、生きとし生けるものが、生命の根源に立ち戻って話し合えることのできる場を作りたいと考えました。この本によって、「水の沖縄プロジェクト」の活動が広く知られるようになることを期待しています。

「水の沖縄プロジェクト」代表
浅野　春男

目次

第1部

水の沖縄を行く

ラジオから「湧き水」

ぐし　ともこ（ラジオ・パーソナリティ）

沖縄県内各地の湧き水を訪ねて、毎日五分間の放送が始まって十年が経過した。訪れた湧き水は四〇〇ヶ所以上にのぼる。番組を始めるにあたって、一年もすればネタは尽きるだろうと軽い気持でスタートした『多良川うちなぁ湧き水紀行』（ラジオ沖縄）であったが、実際に取材を続けてみると、沖縄には今もコンコンと湧く泉が、そして、人の心のよりどころとなり、こんなにも大切に守られている場所が数多くあることを知り、日々発見の毎日である。狭いと思っていた沖縄に、学ぶべきことがたくさんあるのに気づいたのも、この番組を担当してからだ。決して観光名所でもなく、ガイドブックにも載らない。けれども沖縄の人々の過去と現在を記憶に留めるために、また未来への架け橋としてもぜひ残しておきたい、そんな場所に出掛けることが出来て、私はとても幸せに思っている。

実際に地域に足を運び、地元の方々に取材した資料をもとに、県内の湧き水について少し書き記してみたい。専門家ではないので、少々個人的な推測もあって、正確ではない箇所もあるかもしれないことを、あらかじめご了解いただきたい。

湧き水の呼び方・使用目的・形

湧き水・泉・井戸など、水の出るところを沖縄では一般に「カー」と呼んでいる。沖縄本島北部とその離島では「ハー」、石垣島では「ナー」、波照間島では「ケー」など、独特な呼び方をするところもある。

一般に「カー」という呼び名は、地名やカーの形態、目的などを示す言葉の後に続くと「ガー」と変化することがある。たとえば「与座ガー」「ウリガー」「ウブガー」などがそれだ。樋のついたカーは「樋川」と書いて「ヒージャー」ないし「フィージャー」などと読む。あるいは、カーを敬うという意味をこめて、「御(う)」を語頭に置き「ウカー」と呼ぶことが首里にある。ほかにもこのような例があるだろう。漢字表記では、当て字とみるべきかもしれないが、「井戸」「井」「井泉」「泉」「川」「河」などがある。[※1]

やはり一番の目的は、飲料水である。次に、洗濯、水浴び、雑用水などの生活用水、そして地域のカーとして特別な所から汲み出すお正月の若水、子どもが生まれたときの産水、人が亡くなったときの死水(清め水)などが、湧き水の使用目的である。またカーは年中行事に組み込まれている「拝み(うがみ)」を行うための場所である。沖縄では特に信仰の上から、カーは神聖な場所であり、今でもその重要性は失われることなく残っているように思われる。

　湧き水の形態としては、樋のある「ヒージャー」、地面から斜めに穴をほって降り水を汲む「ウリガー」、鍾乳洞の穴下の「暗(クラ)ガー」、掘り抜き井戸、大型円形井戸、水を石積みで囲った井戸など、かたちを見るだけで、いくつかのパターンがあることが理解できる。さらによく観察してみると、石の積み方の違いや、水脈の深さや、土質に基づく造りの違いがあることに気がつくし、集落の利用者の人数によっても形や大きさが異なってくることもあるようだ。また、首里の王家にゆかりのあるカーのように、名高いカーのデザインにならって、首里の石大工(イシジェーク)が建造したといわれるところもある。カーの形態にも流行のようなものがあったのかもしれない。

湧き水の名前

　取材に行って、まず聞くのはカーの名前である。多いのは「ウブガー」だ。まさに赤ちゃんが生まれたときに産水を汲むカーであると同時に、その村の発祥のカーである場合がとても多いので、村の拝所的な役割を持っている。字も「産井」「産井戸」「産泉」あるいは「生母井戸」という漢字をあてているところもある。村のもとになったという意味から「親川」と名づけられているカーもあちらこちらにある。「ムラガー」は一般に共同井戸の意味であるが、そのまま固有名詞のようにして井戸の名前になっていることもある。

地名がそのままカーの名称になっている場合も多い。垣花樋川や与座ガーなどがあげられる。これらのカーは水量が豊富で、ほかの集落からも水を求めて人々が訪れたような有名な所が多い。また、アモールシガー、ウーチューガーなど、大方はカタカナで記され、地元の人に聴いても意味がはっきりつかめない場合には、その土地独特の呼び名（小字名やハル名）に基づく名称であることが多い。

集落によっては、共同で用いた井戸がいくつもある。集落全体からみて、その井戸がどこにあるかという方位、方角から命名されている場合がある。「東(アガリ)ガー」「西(イリ)ガー」「前(メー)ガー」「後(クシ)ンカー」「尻(シリ)ガー」などがこれにあたる。また丘陵地帯にある集落に多いのは、「上(ウイ)ヌカー」「下(シチャ)ヌカー」であり、カーが集落の真ん中にあるならば「中(ナカ)ンカー」である。地域によっては、坂はきついが水が美味しいので、飲み水は必ず「上ヌカー」から汲み、洗濯をするのは別なカー、また雑用水に使うのはまた別なカーという具合に、用途を分けていたところがある。飲料水の水質を保つために、飲用以外には使わないようにしていたカーもあるようだ。

「ウフカー」「ウッカー」「ウフガー」という名前も結構よく耳にする名前である。大きな泉、大きな井戸、大きな湧き水という意味であろう。「新(ミー)ガー」というのは比較的新しい井戸という意味である。逆に古い井戸で「古河(クガー)」というのもあった。

「塩川(スーガー)」というのもいくつかある。海岸近くにあって少し塩辛いという理由が多い。又、本

▲金武大川（キンウッカー）

部町の国指定の天然記念物「塩川」は、海岸線より一五〇メートルあまり陸地内部にあって、塩水が湧く。こんな例は世界にも二つしかないほど珍しい。

「ソージガー」「ブルソージガー」という名前もときどき聞く。つねづね不思議な名前だと思っていたが、文献によると「精進」「崇地」と書いて「ソージ」と読むようだ。ほかの解釈もあるだろう。たとえば、ある地域では「ソージ」とは「墓地」のことだという話を聴いたことがある。ちなみに「ブルソージガー」の「ブル」とは「古い」という意味があるらしい。

ほかにも、鳩が見つけたので「鳩川（ホートゥガー）」、難破船で漂着した韓国の人が故郷を想って名付けた「仁川（ジンガー）」、地域の寄り合い（共同作業）で造った「ユーレーガー」など、実にさまざまである。

このほか、あげていけば切りがないほど、カーの名前ひとつにもロマンがあり、地域の歴史や文化、その時代を生きた私たちの祖先の暮らしを垣間見ることができるだろう。

伝説・歴史にゆかりのあるカー

伝説で有名なカーとしては、宜野湾市森川の羽衣伝説のある「森川（ムイヌカー）」や、稲作発祥の地とされる玉城村百名の「受水走水（ウキンジュハインジュ）」などが思い浮かぶ。もちろん、伝説なので、まさかと思うような話がどんどんでてくるのだが、自然が生み出した美しい景色の中で聞く物語は、とても心を和ませるものがある。

取材をしていて私が一番苦労するのは、沖縄のおじいちゃん、おばあちゃんが、四、五〇〇年前の沖縄の歴史を、突然、まるで昨日のことのようにすらすらと喋り出し、物語の登場人物をあたかも自分の親しい友人のように語るときだ。恥ずかしながら、沖縄の歴史に疎い私はその話のスピードについていけなくなる。きっとラジオもテレビもない時代に幼少期を過ごした人々は、村芝居や寝物語に護佐丸や阿麻和利、尚円王や按司の話を幾度も聴かされたのであろう。カーが舞台となって動いた歴史はその場で聞くと、なお一層、リアルに伝わる。歴史がわかれば、湧き水を訪ねるのはもっと楽しくなるにちがいない。

しかし、私のように沖縄の歴史に詳しくない者でも、十分に楽しめるところがある。それは古都首里周辺のカーである。首里城の周りや、町並み保存地区に指定されている金城町の石畳を歩くと、案内板によって歴史的な記述を読むことのできるカーがきれいに残されている。また、世界遺産に登録された識名園にまで足を伸ばせば、そこには知る人ぞ知る育徳泉がある。散歩をしながら歴史を学ぶことができる。

カーウガミ

沖縄のカーを語るときに、その一番の特徴といえば、「拝(うが)み」であるだろう。沖縄人(ウチナーンチュ)は、人間にとって無くてはならない水と火を神として拝む習慣を持っている。そして、台所には「火の神(ヒヌカン)」を祀り、一日と十五日の月に二回、お線香を焚き、手を合わせる。そして、「水の神」といえば、やはりカーなのである。拝みをする日は地域によって異なるが、たいていの場合、集落の自治会長を中心にして、住民の代表や家族の代表が集まり、その地域のカーを拝む。それは年の始めのお正月や、ウマチー(旧二月十五日、五月十五日、六月十五日)他、旧暦の九月頃、空気が乾燥する前の火災予防の祈願(ウマーチ)、年末のウガンブトゥチ等である。そのほか、地域によっては「農繁期の合間」であるクシユクイ、またはシマクサラシ、あるいは「旧暦の二月ごろに疫病予防の祈願」としてのカンカーなどがある。

実際にカーを訪ねて歩くと、その地域の人びとによる拝みだけでなく、地域外からも拝みに来る人がいることに気づく。そうした人びとは定まった日に訪れるのではなく、年中というほどいつでもやってくる。おかげで、カーの周囲には火をつけていないヒラウコウすなわち「平たいお線香」が山のように積まれることになる。近所の人々は、あらかじめゴミ箱を備えたり、欠かさずにお掃除をしたりと、何かと気を遣っている。なかには「お線香は持ち帰りましょう」という看板を出す自治会もある。ちなみに、カーウガミではお線香に火をつけないところが多い。

ウガミに来る目的は、「水の御恩」であると人は言う。祖先がその集落の出身であったり、戦争中に避難生活を送ってその地の水の恩恵を受けた家族がいたりする。元気でいられるのはその地の水のお陰なのだ。私は詳しく知らないが、沖縄の信仰の中には、あの世とこの世を結ぶ「ユタ」と呼ばれる女性がいて、彼女たちはカーにいる水の神様を拝むように人びとに薦めることがあるようだ。

こうして年中、ほかの市町村からも地域のカーを訪れる人々がたくさんあり、カーの場所を教えてもらうために地域の公民館を訪れる人が増えてきた。ある地域の区長さんは、集落の地図にカーの場所をわかりやすく記して、いつでも対応できるようにしている。またほかの地域の区長さんは、自ら進んでカーまで案内する。まことに至れり尽くせりの対応である。

カーへの信仰は、ウチナーンチュにとってはきわめて自然なことだが、根源的なところでは、やはり自然と共存しなければ人間は生きていけないという先祖からの大切な教えが今に伝えられているということではないだろうか。

水の利用法

一般家庭に上水道が普及していないころ、人々は自然の湧き水、川、池の水、(これは沖縄式にいえばカー、カーラ、クムイにあたる)あるいは雨水を使って生活を営んでいた。水の確保は大事な仕事である。水の豊富な地域は家庭用の井戸を持つようになったが、そうでない地域では、人々は村の共同井戸を使っていた。家庭用の井戸のあるところでも、水質や水量によって、飲料水のみ、ないし雑用水のみとして、その使用目的が限定されることがあった。旱魃の時に水が涸れてしまえば、村の共同井戸を使うことも当然ある。

共同井戸には、そこで、必然的にきまりのようなものが生まれる。飲料水のみとか、洗濯だけとかといった使い分けがあり、大きな共同井戸になると、囲いや仕切りなどによってそれが一目瞭然に分かるものがある。金武町にある「キンダガー」は、初めてカーを見る人でも、昔の人がどんなふうに水を利用していたかを容易に推測することができる。湧き口に近いところから順番に、飲料水、水浴び、洗濯、農具の洗い場、赤ちゃんのおしめの洗い場、家畜の牛や馬に水浴びをさせる所という具合になっている。水の汚れ具合によって、洗うものが決まっている。水の再利用ができるようになっている。限られた水資源を共同でうまく利用するための古人の知恵であろう。水はそのように使われた後で、田んぼや川に注がれる。

かつては沖縄にもたくさんの田んぼが広がっていた。

水質によってカーが使い分けられていた例として、しばしば言われるのは「お茶水」や「豆腐水」である。「茶選ぶな、水選べ」と両親や祖母に言われて、お茶水の汲むところが決まっていたと語る人がある。また別のカーでは、「ここの水は豆腐がよく生まれる水だったから、必ずここに水を汲みに来たよ」と話す人がいた。「水」の違いが品質に大きく左右することを昔の人々は経験で学んでいたのだ。

水汲みの苦労

カーの周りにある石積みを見ると、水ための両側に七、八〇センチの高さの段のあることが多い。女性が水を汲むときに必要な段である。男性は力があるので、棒を使って二つの缶を天秤のようにして持つことができるが、女性は頭の上に木の桶を乗せて、水を運んだ。しかし、相当な重さになるために、ひとりでは水の入った桶を頭の上に乗せることができない。そこで、まず水ための脇にある段の上に桶を乗せて、水をつるべやひしゃくで入れてから、すこし身をかがめて桶を頭上まで移動させるのである。糸満市の名城にある「十万座ガー（トウマンジャガー）」の場合、なんと桶を乗せるときに鼻がぶつからないように、くぼみのついた石を利用するというきめ細かさである。さらに、その後方には、子ども用のもっと低い段があったと地元の人は語ってくれた。昔の女性は、足腰や首の骨が丈夫でなければ、水汲みができなかったにちがいない。

それでも道が平坦であればまだしもだ。大変なのはカーが崖の下にある場合で、階段を上り下りしなければならない。与那城町の伊計島にある「犬名河（インナガー）」は、急勾配の石段を一五〇段も降りていった崖の下にある。毎日の水汲みの苦労は想像するに余りある。

伊計人の嫁や　ない欲しゃやあしが　犬名河の水の　汲みぬあぐで

という琉歌は「あの人の所にお嫁に行きたいが、犬名河の水汲みを想うと、躊躇してしまう」というような意味である。さもありなん。

東風平町高良の「上ノ井」は、急勾配の幅の狭い石段が続くウリガーだ。地元のおばあさんは「一日で逃げ出した嫁もいたよ」と笑った。「おばあさんは平気だったの」と訊くと、色つやのいい肌をした彼女は「私はここの出身だから」と明るく応えてくれたものである。

若水汲みの風習

若水汲みの思い出を訊ねると、だれでも顔をほころばせる。童心に返るのだ。若水汲みは国内共通の「招福の儀式」である。元日の朝一番に汲んだ若水でお雑煮をつくるという風習がある。

沖縄ではワカミジ（若水）、ミーミジ（新水）などと呼ばれる。やはり元日の朝早く、ウブガーに若水を汲みにいったそうである。一部の地域では、「若水を迎える」という表現がある。水に神様が宿ると考えるウチナーンチュ独特の表現かもしれない。

若水汲みは主に子どもの仕事である。地域によって異なるが、男の子だけ、あるいは女の子だけというところがある。また男女どちらでもいいという地域もある。汲んだ若水を自宅や親戚の家に持っていくとお年玉がもらえたところも多い。子どもにとっては、一年に一度、待ちどうしい朝であった。若水はそのまま仏壇に供えたり、お茶を沸かしてお供えしたりした。顔を洗うところがあるかと思えば、「水撫でぃ（ミジナディ）」といって、家長やおばあちゃんが子や孫の額に若水を浸した指をあてて無病息災を祈願するところもある。お正月料理に使うところ、食器や農具を洗うところ、あるいは家の床を拭く地域もある。迎えた若水を自分の家の井戸に入れて混ぜると、それが井戸の守りとなるそうである。

年頭にあたって、命の源である水に思いを託し、一家の健康や安寧を祈願するのは、人類に共通のことであろうか。

イギリスの童謡『マザーグース』にも同じような風習が登場する。イギリスでは、最初に汲んだ水を「井戸の花（the flower of the well）」とか、「井戸のクリーム（the cream of the well）」と呼ぶ。一番に汲まれた水には幸運をもたらす力があるとみなされ、その水をかけるという風習もあるようだ。「新年水（New Year's Water）」という表現がある。イギリスには、元日の朝に訪ねてくる人が男なら吉、女なら凶という言い伝えもあるらしい。[※2]

戦争とカー

戦争中に、住民が「ガマ」と呼ばれる自然の洞窟のなかで避難生活を送ったことがある。石川市にある「命シヌジガマ」はその代表である。六月二三日の慰霊の日には、地域の子どもたちの体験学習の場となっている。かつて人々はここに隠れ、ガマのなかの湧き水によって命をつないだ。

現在でも、アメリカ軍によって基地として使用されているために、フェンス越しに自分の土地を見ている人々がいる。基地のなかのカーはどうなったのだろうか。

通信施設となった場所では、特に土地改良をせず、カーもそのまま残されていて、土地が返還されるとそのままカーとして使えたところもある。住宅地となっていた土地でも、カーが自然の一部として大事に残されたところもある。しかし、カーのくぼんだ部分がゴミの集積場として使われ、返還されてからは、住民が総出でカーの復元作業にあけくれたところもある。

また敗戦と同時に、永遠にカーと別れねばならなかったところもある。東洋最大の基地といわれる嘉手納基地の巨大な滑走路の下に、野里部落の故郷は眠っている。この部落の人々は、現在、郷友会の力で基地のフェンスの外側に土地を買い求め、カーの名前にちなんだ石碑を立て、そこを拝所としてカーウガミや集落の行事を行っている。ふるさとの聖地を失った人々の気持を想うと、胸が締め付けられる。

ウマーチのウガン

私は首里に居を定めて一九年になる。以前は那覇の中心部に住んでいたので、カーには縁が薄かった。現在住んでいるところでは、集落の住民が参加して、一年に一度「ウマーチのウガン」というカーウガミを行う。

このウガミは旧暦の九月に行われる。空気が乾燥する年末に向けて、火災などが起きないように祈願する。「火」への警戒を「水」の神様に祈る。カーの前に住民が集まり、お線香やお供えをもって拝む。カーの水を汲み、それぞれに小さな容器にいれて持ち帰り、その水を自宅の「火の神」の前に、お線香、御札と一緒にお供えする。その日に参加できなかった家庭には、集落の役員からお水とお線香と御札が必ず届けられる。火の用心は集落すべての家庭で心がけるべきだからだ。

ウガミが終わると、近くの広場でブルーシートを広げて、お供え物の「のーまんじゅう」やジュース、泡盛でピクニックとなる。一年に一度、ご近所の皆さんとささやかな宴を楽しむことができるのも、なかなか味わい深いことである。

※1　長嶺操『沖縄の水の文化誌』（ボーダーインク）に拠る。
※2　藤野紀男『マザーグースのカレンダー』（原書房）に拠る。

『琉球八景』の水を巡る

島袋　美佐子（浦添市美術館友の会）

浦添市美術館に所蔵される葛飾北斎の『琉球八景』は、八枚揃った汚れも傷みもない藍色の美しい浮世絵版画である。普段、ミュージアムショップで絵ハガキとして売られているのでよく目にはしていたが、本物の版画を見たのは四年前、常設室で特別展示された時だった。自分が住む沖縄の風景が描かれているのに、何故かしらどこか違う異国の風景を見ているような気がして妙な感じがした。

「北斎は琉球に来たことがないのにどうして琉球の風景が描けたのだろうか」「描かれている場所は今のどのあたりになるのだろうか」という疑問が湧きあがってくると同時に、よく見ると、これらの風景はすべて海や川、泉（湧水）、橋、浮道（海中道路）、岩などの水辺の情景で成り立っている。水辺はまるで琉球を描くのに欠かせない要素であるかのようだ、と興味を覚えたことが『琉球八景』の水を巡るきっかけだった。

そもそも北斎が実際に足を踏み入れるはずのない琉球の名所をなぜ描いたのかという疑問

に明解な解答を出されたのが、料理研究家の岸朝子氏のご主人、岸秋正氏であったことを知って驚いた。岸氏は四十年にわたり沖縄関係の古書類を収集し、没後、県の公文書館に「岸秋正文庫」として寄贈していたからだ。「岸秋正文庫」の「北斎の琉球関連ファイル」を見せてもらった。それには一九六六年『浮世絵芸術』に寄せた「北斎の『琉球八景』に就いて」という原稿が含まれていた。岸氏は「北斎は『富嶽三十六景』、『名橋奇覧』等諸国名所の一連の作画をしているが、その中に『琉球八景』がある。琉球に旅した形跡のない北斎が九州の南方洋上に点在する琉球を主題として琉球八景を画くには、何か種本があっての事で、名所図会等の如き細図がなければ、仮想だけでは、あれだけのものを作れるものではない。何を種本にしたか、製作年代は何時頃かに就いて今迄疑問とせられていたが、先般、周煌著『琉球国志略』を入手し始めてこれらの疑問点が氷解した」[*1]と述べている。

北斎がお手本にした『琉球国志略』は一七五六年、中国から琉球国王尚穆を冊封するために遣わされた冊封副使周煌が使命を終えた後、帰国してまとめた報告書である。その中に当時の名所ともいうべき那覇市内の八ヶ所を描いたスケッチ「球陽八景」が挿入されていた。「球陽八景」と「琉球八景」は、構図も画題も全く一致しており、天保二年（一八三一年）徳川幕府から官版として刊行された『琉球国志略』を北斎が見たものと思われる。

翌年の天保三年（一八三二年）十一月には、尚育王の謝恩使節として豊見城王子を正使とした一行二百人が江戸上りを行っている。江戸上りは唐衣装を着た琉球人が笛や太鼓を打ち鳴らしながらの行列で、当時の江戸市民の関心を集めていた。この機を利用して琉球を紹介する書物が多く発行され、北斎の『琉球八景』もこれに当て込んで、その頃（一八三二年の秋）に描かれたものと思われている。それより以前、北斎は一八〇七年頃から滝沢馬琴の『椿説弓張月』の挿絵を描いていた。『保元物語』に登場する源為朝を主人公にした英雄伝説で、為朝が琉球に渡って活躍する物語に北斎が挿絵を描いていたのだった。したがって、北斎は『琉球八景』を描くにあたって、琉球について予備知識をもっていたことになる。

けれども、琉球を訪れたとは思われない北斎が、なぜ琉球の風景に興味を抱いたのだろうか。その頃（一八三〇〜一八三三年）、北斎は『富嶽三十六景』、『諸国瀧廻り』、『諸国名橋奇覧』、『千絵の海』などのシリーズ物を手がけ、一つの題材が見せる様々な変化や、奇なる表現を徹底的に追及しようとしていた。当時の江戸市民にとって琉球は、はるか遠い異国であり、奇なる文化を持つところであったから、北斎の画題にふさわしかったにちがいない。

このように「球陽八景」から北斎によってアレンジされた「琉球八景」の八ヶ所の風景は二五〇年後の現在、どうなっているのか、描かれている水辺に焦点をあてながら巡ってみたい。

一、泉崎夜月（いずみざきやげつ）

琉球新報社の通りから西消防署通りに向かう国道五八号線に出る手前、久茂地川によく見るとアーチのかたちをしたコンクリートの橋が泉崎橋である。沖縄の石造拱（石造アーチ）橋の一つであり、駝背橋形式で中央部がラクダの背のように盛り上がっている。この橋は街

の中心部に位置していたために市民に最も親しまれた石橋であったが沖縄戦で破壊され、一九五八年に現在の橋に造りかえられている。北斎は、この橋を今の沖縄テレビのある川岸から、那覇港方面を眺めて描いているようだ。泉崎橋は久米村人とよばれる中国出身の人々の居留地久米村に繋ぐ橋で、琉球の人々が、外交や貿易の実務を学ぶためにこの橋を渡っていった。『琉球国志略』の泉崎の記述には「漫湖の支流にある二つの橋門に月が照ると、つねに月光が澄みわたり青々とした水が広々とたたえてまるで玻璃世界のようでもはや凡俗の思いもなくなる」[*2]とある。中国からの外交使節や久米村人も故郷の月を思い懐かしみ、泉崎橋からの夜月を楽しんだことだろう。「球陽八景」には月は画面にない。北斎の絵には小禄の丘の方に月が見える。

久茂地川には大和舟が二艘浮かべられ、川岸や橋の上に人々が行き交っているのどかな月の夜の風景だ。

泉崎橋の下を流れる久茂地川はひところ、生活排水による汚染がひどく最悪な川だった。地域住民の浄化活動により水質は向上し、汚れも少なくなった。頭上からはモノレールが走るようになったが、モノレールの車窓ごしに月を眺めるのが現代版「泉崎夜月」になるのかもしれない。

二、臨海潮声（りんかいちょうせい）

この場面には、那覇港口北側を守る城砦三重城とその長い堤（浮道）の途中にある臨海寺が描きこまれている。臨海寺は「沖の寺」とよばれ港の守護寺、航路の安全の祈願寺とされていた。第二次大戦で焼失したため、一九六七年に安謝に再建された。絵に描かれている堤を見てもわかるように、堤が蛇のようにくねって曲がっている。[*3] 三重城から臨海寺へ曲がる突角あたりをマガヤーと呼んでいた。岩盤が入り組んで港口を狭め、大船の出入りには危険であったため中国の人々は馬加、嶮石とよび恐れていた。またその周辺は鉄板沙（珊瑚礁）で沙は鉄よりも硬く穴があいてごつごつしていたという。冊封使たちの琉球への航海は決してスムーズにいった訳ではない。途中、嵐（台風）や海難事故に遭遇したかもしれないのだ。やっとの思いで琉球の玄関口までたどり着いたが、港口は岩礁や鉄板沙で狭くて危険なため、船に引綱をかけて左右から一日がかりで引っぱられ、接岸することができた。潮が満ちて波音が高なる頃には安堵の思いが込み上げてきたことだろう。北斎の絵には、のどかに沖へ漕ぎ出す大和舟が描かれているが、これのみでは三重城のマガヤーの恐ろしさを想像することはできない。

この一帯も戦後埋め立てが進み、那覇港埠頭の一部となって当時の跡形もない。北の突端の三重城だけは現在のロワジール・ホテルの西側に残っている。小禄側から見ると周囲の建物に圧倒されて見逃しそうになるが、先島の人々は今でも、この場所から離れて暮らす家族の安寧の祈りを送りつづけている。

三、粂村竹籬（くめむらちくり）

福州園の向かい松山公園あたりが久米村発祥の地である。公園の入り口に「久米村発祥地碑」がある。松山公園の正面のガジュマルの木の下に琉球石灰岩で構築した「ユーナヌカー」がある。若狭村の村ガーで、那覇はその昔浮島だったので潮混じりの井戸が多かったが、こ

の水だけは甘くておいしかったという。久米村人もこのカーの水を利用したことだろう。

十四世紀後半頃、久米三十六姓と称する人々が居留した地が久米村である。福建の出身者たちが琉球の朝貢活動を支援するために明朝から派遣された。当時の琉球には造船や操縦技術、語学力、外交などの知識がなかったため、彼らから技術を習得して東南アジアに交易を広げることが出来たのである。

久米村では風水の思想に基づいて南に向かう龍の姿を見立てるような街づくりを行っていた。小禄の山々が絵をかく絹地であり、奥武山を机、仲島大石を筆と見立てた。[*4] この大石の筆で一気に龍の絵をかいたような形が久米村大通りの姿だったという。

　家の佇まいは茅葺家で屋敷のまわりには竹やゲッキツを植え生垣にし、きれいに剪定してきっちり形を整えていた。[*5]

　北斎の絵には箒で道端を掃く、久米村人の姿が描きこまれている。この姿からも久米村人の清々しい暮らし振りがうかがえる。

四、龍洞松涛（りゅうどうしょうとう）

国場川の下流に浮かぶ小島奥武山にあった龍洞寺を描いたものと思われる。奥武山は満潮時になると満々と水を湛え、干潮時には砂浜となって歩行ができたという。そこは蛇の巣だらけで、僧の心海が寺を開設すると蛇は連れ立って去ってしまったという。[6] 山には松が茂り、山上を奏でる松風の音は打ち寄せる波の音と響き合い、訪れる人の耳を楽しませ、涼やかな気持ちにさせたことだろう。琉球の真夏の風景である。しかし、北斎はこの場面を琉球ではありえない、あっと驚く見事な雪景色に演出している。北斎はなぜこの場面を雪景色にしたのだろうか。

その当時の江戸では、各地の名所巡りの旅や納涼、花見などの娯楽が庶民の間に広がっていた。浮世絵でもそれに合わせて、「近江八景」のような各地の景勝地を選び出した名所絵シリーズが受け入れられていた。八景シリーズには必ず雪景色が含まれていたから南国琉球といえども雪景色を入れる必要があったと

思われる。「近江八景」も、もとはといえば中国の「瀟湘八景」に倣っている。「瀟湘八景」は中国湖南省の景勝地を「平沙落雁」「洞庭秋月」「瀟湘夜雨」「煙寺晩鐘」「漁村夕照」「遠浦帰帆」「山市晴嵐」「江天暮雪」と八つの主題に分けて描いていた。それを手本としたのである。そうすると、この「龍洞松涛」の雪景色の理由も頷ける。

奥武山の西の方に「落平樋川」がある。『琉球国志略』には「落平泉」とあり、[*7] 周辺の生活水源であったことがわかる。那覇港の奥の入り江にあった落平樋川は、樋を伝わって水が海面に落下する仕掛けが施され、那覇港に出入する船舶が水の補給に使用した。海をそのまま進むとすぐに水が補給できるとは、まことに便利だったにちがいない。現在、落平樋川の周辺は埋め立てられ水辺であった面影はなく、少し前まで大切な水源であったことを知る人も少ないであろう。

五、筍崖夕照（しゅんがいせきしょう）

波の上を描いた図である。波の上は石筍崖ともよばれた隆起珊瑚礁の丘で、西側を東シナ海に面し断崖絶壁となっている。

波に浸食された独特の断崖の形は那覇に住む人々に馴染みのある風景だ。周辺の海岸は以前那覇における唯一の海水浴場であった。私も小学生の頃に、よく親に連れていってもらったことがある。珊瑚礁の海岸を中国人が鉄板沙と表現したように、まるで固いセメントが針のようにチクチクと足裏にささるほど痛かったのを今でも覚えている。いつの頃からか、その海岸も生活排水や産業用水の流入による海水の汚染や埋め立てなどによって海水浴が出来なくなった。そして堤防が築かれ自然の海岸線をほとんど失っていたが、最近になってようやく海岸に白砂を入れて人工ビーチを造ったので、子供達や観光客が泳げるようになった。北斎の絵には帆かけ舟が描かれているが、そのあたりは現在、波の上自動車教習場となって、わずかに小さな砂浜が残されている。波打ち際のコンクリート階段状護岸は波の上の岩を波の浸食から守ってくれているのだろうか。目の前には那覇港臨海道路の橋げたが立ち塞がっていて、夕日の眺望が素晴らしい波の上の景観を壊しているように思えてならない。

六、長虹秋霽（ちょうこうしゅうせい）

初めて、この絵を見たとき「え、こんな風景、一体琉球のどこにあったの」と驚かされた。海を越えて伸びる橋は、まるで龍のようでもあるし、浮島に虹がかかっているようにも見える。この橋は『琉球国志略』の挿図『琉球国都図』の中では「長虹橋」と記されている。*8

『球陽』によると、いにしえの那覇は浮島と呼ばれる小島であったため首里と那覇との交通は不便だった。中国からの冊封使の一行が来島すると浮島から安里まで小舟を並べて板を渡す船橋を架けて首里と往来した。そこで一四五一年国王尚金福が国相懐機に命じて崇元寺からイベガマ（現在の松山一丁目）に至る約一キロの浮道（海中道路）を建設させた。[*9]長虹堤とよばれる浮島について最初に「長虹」といったのは、一六三三年に来島した冊封使杜三策の従客胡靖である。彼がこの浮道を「遠望すれば長虹のごとし」[*10]とうたったのをもって嚆矢とし、それ以来長虹堤とよばれた。

長虹堤の建設によって中国からの冊封使たちが那覇港に上陸した後、東町の天使館に宿泊し、長虹堤を通り、崇元寺で諭祭の儀を経て首里城に向かう道順が整えられることになった。

長虹堤は築造以来、昭和初期まで首里、那覇を結ぶ主要道路であったが、沖縄戦や戦後の都市整備により現在はかつての姿を知ることは出来ない。わずかにモノレール美栄橋駅付近の十貫瀬通りにかつての堤跡が残されているだけである。今は、昔の幻の浮道の存在を教えてくれたのはこの『長虹秋霽』であった。

七、城嶽霊泉（じょうがくれいせん）

那覇高校の南に立つ城岳を描いている。滝のように流出する湧水によって周辺の田畑が豊かに潤っている豊饒な風景である。城岳は聖なる御嶽で近隣住民の御守護、作物の豊饒、干ばつ時には雨乞い祈願をする場所であり、進貢船の一行が航海のお礼参りをする所であった。そして老松が生い茂り豊かに流れ落ちる湧水は旺泉と名づけられた。[11] その旺樋川も近年水

脈が衰え、水量が減少した。現在、開南にある旺樋川はセメントのドーム型で四角い樋口から流れ出る水は少ない。開南のせせらぎ通りの人工小川の水源になっていたがその小川も枯れたままになっている。この旺樋川だけでなく那覇市内の各地で湧水の水量が激減し樋川や井戸の枯渇、水質汚染が進んでいる。道路建設や宅地造成による埋没や、都市化で雨水が地中に浸透しにくくなったことが原因とみられるが、枯れ汚れて樋川が消えていくことは残念でならない。城岳は今、まわりを土留めのコンクリートで固められ、住宅の建物の後にひっそりとたたずんでいる。表通りからは決してその姿を見ることは出来ないが、一歩路地に踏み込むと、真向かいに鎮座している御嶽に圧迫感

を覚える。うっそうとした木々のざわめきは霊嶽の趣を今でも感じさせる。

八、中島蕉園（なかじましょうえん）

仲島の大石の向かいに蕉園はあったという。仲島の大石は現在モノレール旭橋付近の東側に隣接する那覇バスターミナルの乗降ホームの端にある大きな岩である。高さ六メートルの、周囲二五メートルの大きな琉球石灰岩で明治初期までこのあたりが海であった証拠に岩の下の部分が浸食されている。岩の上にはアコウなどの植物が自生し、下の浸食されたところに石の香炉が置かれている。久米村の人々は大石を文筆峰とよんで縁起の良い岩として大切にした。久米村に住んでいた中国の人々は久茂地川河口の地形が故郷の閩江（ビンコウ）の風景によく似ていたため に久米村を選定したとされているが、久茂地川河口付近の泉崎橋や中島蕉園が「琉球八景」に数えられたのも、彼らの故郷への望郷の思いがあったものと思われる。芭蕉が茂れる中島蕉園の家々からは糸を紡ぎ、機を織る音や、三線の音が聞こえてくるようで、琉球の人々のゆったりとした平和な暮しが伝わって

くるようだ。

こうして周煌著『琉球国志略』（原田禹雄・訳注）を参考に琉球八景（球陽八景）の水辺を巡ってきたが、実はこの球陽八景の挿図は周煌に先立つ冊封使徐葆光が命名した「中山八景」の詩文に由来している。徐葆光は一七一九年、尚敬王冊封のために来島し『中山傳信録』（一七二一年）という報告書を残している。彼は琉球の各地を遊覧して作った詩も残し、その中に「中山八景」の詩文がある。徐葆光の残した「中山八景」の詩文に基づき周煌が絵を加えて『琉球国志略』に掲げたのが「球陽八景」である。それを手本にして琉球を見たことのない北斎が彩色して『琉球八景』に仕立てたのだ。

一八世紀に中国からやってきた冊封使たちが中国人の目で琉球の風景を発見した。それは琉球の玄関口で目にした珊瑚礁の荒々しさ、美しさであり、自分達の故郷に似た地形（場所）であったり、首里城へ向かう途中の海に浮かぶ道であったり、航海の安全を祈る御嶽であった。それが江戸に伝わり、浮世絵版画に脚色されたのだった。『琉球八景』に描かれた風景は異国の風景ではなかった。これら二五〇年前の琉球の風景は今でも私たちの日常の中に取り込まれている。むろん失われた風景もある。しかし、その古の姿の一部は『琉球八景』の中に鮮やかに描かれて、私たちに今も語りかけてくる。

※1　北斎の『琉球八景』の種本が「球陽八景」であることは、岸秋正氏が一九六六年に報告した。岸秋正「北斎の『琉球八景』に就いて」『浮世絵芸術』第十三号、所載。引用は岸氏の自筆原稿（昭和四一年三月二五日）に拠る。
※2　周煌著『琉球国志略』原田禹雄・訳注、榕樹書林、二〇〇三年、巻五、橋梁、三七五頁。
※3　『琉球国志略』、巻四、砲台、二八一頁。
※4　『琉球国志略』、巻四上、形勝、二七六～二七七頁。
※5　『琉球国志略』、巻四下、屋宇、三一六頁。
※6　『琉球国志略』、巻五国内の山、三二七頁。
※7　『琉球国志略』、巻五、水泉、三七一頁。
※8　『琉球国志略』、首巻、六〇～六一頁。
※9　首里王府史書『球陽』（中巻）巻二、九八、尚金福王、一二四頁、一二五頁。
※10　『沖縄大百科事典』、「長虹堤」、の項七九二頁。「杜天使冊封琉球真記奇観」の項九五一頁。
※11　『琉球国志略』、巻七嶽祠、城嶽、四四三頁。

〈参考文献〉
徐葆光『中山傳信録』原田禹雄・訳注、榕樹書林、一九九九年。
伊從勉「風景の多次元」『環境イメージ論』弘文堂、一九九二年、所載。
永田生慈『葛飾北斎』吉川弘文館、二〇〇〇年。
永田生慈『北斎美術館④名所絵』集英社、一九九〇年。
平岩弓枝『椿説弓張月』集英社、一九八二年。

「あすむい祭り」で蘇った辺戸のお水取り

山城　岩夫（首里城復元期成会事務局長）
三輪　義彦（エッセイスト）

沖縄県国頭村辺戸区。それは那覇市から西海岸の国道を使うと約一二〇キロ、海にへばりついたトカゲのような沖縄の最北端に位置する小さな集落である。高速道路を使っても、二時間を越えるほど車に乗っていないと辺戸まで行くことはできない。

許田を過ぎてから、市街地に入ると車の流れは悪くなり、海沿いの国道に入ってからは、進行方向の左側に明るい空を背景とする海が群青色にひろがり、うねうねとした道を揺れるようにして車が進んでいく。天気がよければ、その海の驚くほど濃い青と砕ける波の白を見ているだけで、時代を超えて、精神の古層へと帰っていくことができる。辺戸に近づく。

ときどき沖縄特有の墳墓の群れが意表をついたように視界をふさぐ。人家も稀になり、北部の過疎化を想起させる。また北部に来たのだな、という感慨が脳裏を駆け巡る。「沖縄には南北問題がありましてね」と言った人の言葉を思い出す。辺士名を過ぎ、いくつものトンネルを抜けると辺戸はすぐだ。「宜名真(ぎなま)の長いトンネルを抜けると辺戸であった。海の底が青くなった」とでも言いたいところだが、トンネルのあとは街路樹として植えられたソテツの並木がしばらく続く。「あすむい」という名の森の姿が見えると、故郷に戻った気持が胸に広がっていく。

現在の辺戸区の住民数はおよそ百十人。区民の学校は、北国小学校しかなく、生徒数はとなりの宜名真から通ってくる者をあわせて現在十一名である。区民の仕事は基本的にサトウキビなどの農業であり、それ以外に仕事はあまりないといっていい。だから、辺戸の出身でも、那覇のような都会に移り住んでしまうことになる。

安須森

平成十年に私たちがなぜ辺戸で「あすむい祭り」を開催したのかといえば、もちろん、辺戸の由緒ある行事を再現するという文化史的な意義があったけれども、同時に、華々しい産業もなく、観光客もあまり訪れることのない北部地域を振興させたいという考えからでもあった。「あすむい祭り」とは王朝時代より続いていた、辺戸のお水取りの行事を中心とする地域の祭りである。「あすむい」とは「安須森」と書く。車で国道を行くと、辺戸に近くなるとこの霊山が黒々とそびえている威容が眼に入る。安須森は辺戸の住民の心のよりどころである。

沖縄本島最北端に位置する安須森（辺戸岳）は、地元では黄金森（クガニムイ）とも呼ばれている。辺戸から見ると、四つの隆起した岩塊が波打つように連なっている。四つの岩塊は、東から西へそれぞれ、宜野久瀬嶽（シヌクシ）、アフリ嶽、シチャラ嶽、イヘヤという名前が付けられている。

『琉球神道記』（一六〇五年）によると、国王就任の百果報事（ももがふう）として、国頭の深山であるアヲリ岳に、「アヲリ」というものが現れるという。これが何を指すのか、私にはよくわからないが、もしかしたら、虹のようなものではないだろうか。なぜなら「アヲリ」の別名「御涼傘（ウリャンサン）」が雲や虹を連想させるし、『琉球神道記』には、「五色鮮潔ニシテ種々荘厳ナリ。三ノ岳ニ三本ナリ」とあるからだ。

首里王府の三司官のひとりである羽地朝秀の『中山世鑑』（一六五〇年）には、琉球の開闢神話として次のような記述がある。天帝より遣わされたアマミクがまず初めに、辺戸の安須森をつくり、次に今帰仁のカナヒヤブ、知念森、斎場御嶽、藪薩の浦原、玉城アマツヅ、久高コバウ森、首里森、真玉森の順につくっていったという。沖縄の古歌謡集『おもろさうし』は、一二世紀から一七世紀の人々の想いからなる「ウムイ謡」を編纂したものである。そこにも安須森は数多く登場する。

たとえば、巻五の二五五には、次のように歌われている。

あおりやへが節
一、　あかわりぎや　おもろ
　　安須森の
　　世持つ孵（す）で水よ　みおやせ
又　今日の良かる日に

神話に包まれた安須森に、沖縄民族の源流的なロマンが感じられる。この箇所は「安須森の国を保つために撫でる水を国王にさしあげます。今日というめでたい日に」と解釈される。史書によると、首里王府は毎年十二月と五月に時之大屋子を辺戸に遣わして、供物をして、辺戸大川からお水を取る。このときの大川の神名はアフリ川である。そうして取った水が王府に献上される。首里では、十二月の除夜の静けさのなかで、聞得大君御殿（きこえおおきみウドゥン）の御火鉢が清められる。元日の早朝に、吉方にあたる二つの川の水とともに、辺戸の水は国王に献上された由である。このときの儀式がいわゆる「お水撫で」であるけれども、私はそれがどのような儀式であったかを詳らかにしない。国王はその儀式の後に、元旦の行事である「朝拝御規式（ちょうはいおきしき）」を執り行ったようである。

「お水撫で」に使用されるのが「すで水」である。『混効験集』（一七一一年）に、「人誕生の時明方（吉方）の井川より水をとり撫（で）さする也、その水をすで水と云也」とあるように、すで水は赤ん坊の誕生を寿ぎ、これに魂を与えるような意味合いがあったのであろう。沖縄では「シリミジ」と呼ぶことがある。「シリーン」とは沖縄の方言で「孵化する」の意味であり、「シリミジ」とは、「シリーン水」すなわち「孵化する水」の謂いである。脱皮ないし再生をもたらす聖水のことだ。

辺戸大川の水はまた五月になると、「稲の穂祭」すなわちグングァシウマチーの三日前に、首里赤田村の首里殿内に届けられる。祭りの前日に、聞得大君御殿では、首里城内にある龍樋から採取された清水とともに御火鉢を清める。次に、辺戸の水は首里城へ献上され、国王と王子がその水をつかって祈願の儀式を行ったと思われる。

ここに私たちは王朝時代において、辺戸大川の水が霊力のあるものとして、いかに尊ばれていたかをみることができるだろう。

祭りの再現

首里城主要部の復元は県民の願いの結実であった。それに続いて、琉球王国のグスク及び関連遺産群の世界遺産への登録のニュースが私たちに大きな喜びをもたらした。

尚巴志の三山統一（一四九二年）以来、四五〇年間、平和の国を維持した先人たちへの畏敬の念を抱く者は、その想いを子々孫々へ伝えていきたい気持で胸を膨らませたことであろう。沖縄に生まれ育った者の誇りを、将来の発展へとつなげていかねばならない。

現在は一一〇人が住むだけの辺戸区だが、廃藩置県の翌年である一八八〇年（明治十三年）には、辺戸村には七五六名の住民数があった。

今から六年前、辺戸区の再興を願うスタッフが構想したのは、王朝時代のお水取り行事の再現であった。

その再現には長い道のりを要した。長年にわたる文献的な調査に加え、地元住民とのふれあいを通して、今日に実現可能な祭りのかたちとするのがいいということになった。企画された内容を基に、平成十年の暮れも押し迫った十二月二八日、午前七時半、辺戸の大川でお水取りの行事が執り行われた。戦前、昭和十八年頃に中城御殿へ届けられたのを最後に途絶えてから、およそ六〇年の年月が過ぎていた。

行事は佐久真家での出発祈願から始まり、神アサギへと続き、神事をつかさどるノロを中心とした行列が集落東側渓谷の辺戸大川、すなわちウッカーへと下りていく。奥深いウッカーの清らかな水が瓶（びん）に入れられるときには、ノロが水の神へ感謝の言葉を捧げる。行列はふたたびケモノ道を戻り、拝所を数ヵ所廻り、二時間ほどの集落内での行事は終了した。それに続いて首里に向けての出発セレモニーが行われた。水は男ひとりと、付き従う随行から成る人々によって、徒歩で運ばれ、一日目は名護で宿泊。二日目の早朝に名護を出発して、途中仲泊旧道も通り浦添まで運び、三日目の朝に浦添を出発して、一路首里を目指した。辺戸大川の清水が首里の円覚寺跡に到着したのは、三日目の午前九時十分だった。

　第二回目の「あすむい祭り」は一九九九年十二月三〇日に開かれた。首里城公園で元旦から三日間開催される「朝拝御規式」を中心とするイベント「新春の宴」に加えていただき、辺戸大川で取られた水で煎じたお茶が来園者に振舞われたのである。それは廃藩置県から数えて、実に一二〇年が過ぎた年のことであった。

あすむい祭り

　翌年、二〇〇〇年十二月二四日に、第三回目の「あすむい祭り」が開かれた。歴史書に云う「二十八日に届けられた水は、当職・勢頭職の取り次ぎで栓をし、円覚寺の御照堂に安置される」とあるのに倣い、また円覚寺への奉納と「御内原からウチェクイ阿母志良礼の取り次ぎによって献上される」という記録に倣い、城内への献上儀式も加わった。そして首里城公園では、元旦から三日間、首里城復元期成会主催によって「美御水ぬお茶会」が開かれた。

　二〇〇二年の第五回目には、首里城公園友の会と共催で京都大学の伊従勉教授を招き、「あすむい祭り」に合わせて講演会を開催した。伊従先生は、王朝時代には辺戸が航海上の要地であったとするたいへん興味深い説を披露された。それは『中山世鑑』において、なぜ安須森が最初に挙がってくるのかという疑問に見事な解答をあたえる見解であった。

つづいて二〇〇三年の第六回では、辺戸郷友会が呼びかけたバスツアーによる参加者が約六〇名となった。また、那覇市教育委員会の認定を受けた案内ガイドである砂川正邦氏による講演も行われた。みずから「赤瓦ちょうびん」と名乗る砂川氏は、赤瓦の形をした奇矯な帽子をかぶり、沖縄の歴史や文化を語った。それは一年前の伊従先生の格調高さとは打って変わって、ユーモアあふれるものであった。

水は生命の源であり、二一世紀は水の時代だといわれている。水は、この地球の人類、動植物の生命に欠かすことのできないものである。水の科学的な最大の特徴は、物質を溶かすことにあるという。お水取り行事の原点もそこにあるだろう。多くの中高年の方々が年の初めに自分の家のための「若水汲み」をした経験をもっているだろう。一年間積み重ねた体と精神の労をいたわり、再生を期して、元気な生命で新年を迎えることを願う。沖縄の年中行事では、自然を重んじ、祖先を崇拝し、また、穀物の豊作と漁業の大漁を祈願し、日々の幸いを願う。その代表が安田の「シヌグ」と塩屋の「ウンジャミ」である。

年の初めに行われるお水取りの一連の儀式は、生命の源である水によって自然との一体感を味わい、肉体と精神に強い力を与え、一年の安寧と幸福を願うものである。願わくは、辺戸区での地場産業に活気があふれ、かつての辺戸区の人口にまで住民数が増え、賑わいが戻ってほしいものである。

琉球王朝の水

佐藤善五郎（那覇市文化協会事務局長）

歴代国王または神女による水の儀礼をここでは〈王の水〉とよぶ。始原的王の水儀礼として辺戸アフリ川（大川）のお水取りがある。辺戸アフリ川のお水取りが王の水儀礼の第一と見なされるのは、辺戸アフリ川が創世神アマミキョゆかりの地であったことに由来する。『琉球国由来記』（一七一三）の年中行事の始めの項に次のように記されている。

「辺戸之御水且吉方御水献上」
年内十二月廿日、御水取ニ時之大屋子一人罷越シ、辺戸之巫、御崇有テ、御水取リ来テ、同二十八日、当ノ勢頭御取次、御案内有テ、御水ヲ封ジテ御照堂へ召置、元日之朝、吉方二川之御水、倶ニウチユクイノ阿武志良礼、御取次献上也。吉方子ノ方時ハ、浦添カヽミ川。丑ノ方、同所アサナ川。寅ノ方、幸地樋川。卯ノ方、弁嶽ノ川。巳ノ方、崎山樋川。

午ノ方、識名アク川。未ノ方、識名ケフリ樋川。申ノ方、識名石シャ川。亥ノ方、沢岻樋川。昔ヨリ此所所ノ水取ル佳例也。

右の記載によると、十二月二十日、正月儀礼に備えるために、吉凶を占う専門家である「時の大屋子」を派遣したことがわかる。時の大屋子は一六七四年に廃止されたが、吉凶占いをする職能者で陰陽道、風水術にも精通しその専門書『時双紙』を解読できる物知りで時を取る人（覡）であった。現地の巫（のろ）によってお崇（たか）べ（祝詞）があり、その後にお水取りして二十八日迄に首里に戻っている。運ばれた聖なる水は一時円覚寺内御照堂に安置され、宮廷内で行われる正月元日の朝儀に備えた。祝女の阿武志良礼（「阿母しられ」のことであれば聞得大君の下の位で各地の神女を統括した）の手によって吉方（えほう）の儀式がとり行われる。吉方（＝恵方）は時の大屋子によって定められたのであろう。その年の干支をもとにして縁起のいい方角の井川の水を献上させる仕組みである。

北から時計回りに子（北）、丑、寅、卯（東）、辰、巳、午（南）、未、申、亥、それぞれの方位の川が指名されているが、酉（西）と戌の方角が抜けている。アマミキョの聖なる水を辺戸から数日かかって王城に迎えるだけでなく、城下の霊験あらたかな銘泉の水を献上させ下々に至る水脈を寄せ集めているのである。いいかえれば国中の水の霊力（スデ水＝若水）を王自身が身につけ、それを臣下に分かち与えるという感染呪術的儀礼である。（沖縄、奄美の水神信仰では一般の島人たちは元日の若水儀礼の他にアムィゴトルと称して禊をする風習もあった。）創世神とされるアマミキョまたはシネリキョの神名をめぐる学説は伊波普猷以来くりかえし論議されている。アマは天、シネは光に関連することばであることはほぼ一致する。神につかえる神女が日光によって身籠る（英祖王の出自など）という日光感精説話が発生するのもこれに関連すると思われる。また、アマミキョ、シネリキョは男女神ではなく対句表現の別称だという説もあるが、正史『中山世鑑』（一六五〇）では風によって身籠るという風妊説話の系譜を記述しているのも興味深い。（日光感精説話については、谷川健一『南島文学発生論』、山下欣一『南島説話生成の研究』参照。）

日光や風あるいは水を媒介として身籠る（水籠る）という不可視の世界を見分けることができるのは、その霊力を分かち合う者でしか解明できないものがある。（「おもろさうし」に出てくる多くの神女名はそれに由来する。）セヂ、セヂアラセヂ、スヘ（精）、スヘツヂ、ケ（木）、ケアワス（気合わす）、ケイ（気）、ケオ（気）などとよばれる語彙はそれに関連する用語として知られる。セヂ（精霊）の呪力が及ぶ世界は自然界、宇宙の秩序、人間社会全般にわたる秩序観へ関連する。不可視に対して、目に見える現実世界はイケナ（現世）とよばれるが、王の水儀式においてこの可視と不可視の世界が交錯しているように思われる。

祈雨の霊場

始原的ともいえる王の水儀礼が稲作発祥の地とされる場所にも残されている。創世神ゆかりの地である受水走水、藪薩の浦原、ミントングスク、玉城グスクなどの聖域が数多く存在し、歴代国王や聞得大君の参拝所として民衆に親しまれている場所である。

受水走水[※1]は、稲作発祥と伝えられる田の水口にあたっており、四月の初穂儀礼稲ミシキョマには国王が参列しこの井泉の水で御水撫で[※2]（ウビナディ）をして初穂と粢（しとぎ）が献上された。藪薩の浦原[※3]は創世神話アマミキョの国造伝説にまつわるアガリウーマイ（東御回り）の聖地の領域にあり神権政治において最も重要な場所であった。歴代国王は聞得大君を従えて一六七三年（尚貞五年）まで隣接地である浜川浦原、受水走水で行われた初穂儀礼に参列した際、この地にも必ず親拝したことが伝えられている。

ミントングスクは民間神話伝承によると、創世神話アマミキョが上陸後はじめて築いたグスク（城）とされ、玉城王が即位（一三一四年）まで居城とした所と伝えられている。

玉城グスクは、英祖王統四代玉城王の居城であるが、祈雨の霊場であったアマツヅテンツギ（雨辻嶽）の場所にあったことから王（城）と水の関係を明確に表出した例として重要視される。このグスク跡（標高一八一メートル）に何度も登って見たが、大岩をくりぬいて作った円形の門といい、そこから遠望する久高島周辺の大海原のロケーションはただそれだけで神秘観念を沸き立たせそれに伴う呪術的行為を深化させずにはおかないほどの霊場感を印象づける。

中山第一の水

一七一九年、尚敬王[※4]の冊封副使として来琉した徐葆光はその使録として『中山伝信録』(一七二一)を著わし多くの歴史的情報を残すと同時に接待にあたった琉球側の知識人にも少なからず影響を与えた。徐葆光は詩文にもすぐれ、『海船集』の中に「勺水無興廃　冷冷傍故城　猶堪資谷汲　只守在山清」(くむ水は世の盛衰にかかわらず不変である。冷冷として絶えず、故城の側に流れている。豊かな水となって多くの人々を潤す。=鄔揚華「琉球冷貴足跡再訪」より)と詠じ水の印象を残している。また、扁額文字「中山第一」は王城内にある清冽な湧泉「龍樋[※5]」の聖なる水の湧き立つ光景を称えた揮毫として知られている。

龍樋は王の水の存在を象徴するものと考えられる。石彫の龍頭の口先から湧水が噴出しその水が下方の円鑑池へ流れさらにそこから天女橋、龍淵橋をくぐって龍潭池に注がれる仕掛けである。その聖なる水は「王の水」としてウマンチュ(一般庶民)まで下降することを暗示している。龍樋の石彫は一五二三年、中国皇帝へ慶賀使として派遣された澤岻盛里が中国から持ち帰ったものであることが『球陽[※6]』にある。中国では吐水石龍頭とよばれているが、これは中国皇帝と水（龍）の関係[※7]を象徴的に表出した図像であり、その思想が琉球にも伝播されたあかしの一つであろう。王と龍の関係を示す図像に関しては、首里城そのものが龍脈のごとく多数の龍柱で固められ、その直下に滔々と湧き立つ龍樋の水口がある。また神権思想として王と水の関係を最も濃厚に表象しているのは御後絵における王の衣裳の裾の部分に描かれている龍と洪水図に見ることができる。この図像は一方では図解通り解釈すれば火山噴火と洪水の天変地異を五つの鋭い爪をもつ龍が鎮め人民たちに安らぎを与える構図として描かれている。また他方では中国皇帝の専制政治体制を暗示する図像としても考えられる。

王の水の原形

琉球における王と水の関連を示す史料や民俗行事が断片的に残されている。それらと韓国の新羅など古代韓族の儀礼が記録されている『三国史記』（一一四五年）や『三国遺事』（一二八九年）の故事とを比較しつつ琉球における古代的専制君主の様態を解き明かした明確な試論がある。末次智「琉球の神話と儀礼にみる〈水の王〉」（「沖縄文化」七二号、一九九三年）がそれである。末次は、古代国家共同体における王たる存在は労働や貢納を強制する者であると同時に、村落共同体で克服することのできない諸条件、とくに自然条件を解決する祭り上げられた存在であったことを前提にしている。村落共同体で克服できない自然条件といえば天変地異、火災などが最も一般的であり、それは旱魃、水害、地震、津波による多くの死者たちであった。第二尚氏王統十七代の国王尚灝（一七八七〜一八三四）は餓死（飢饉）、疫病によって数千人の死者が出たために生きながら王位を失った王として知られている。また、水ゆえに村を追われ逃亡した青年がのちに国王になったとみなされた事例もある。末次もその例をあげている。第二尚氏初代国王尚円の出自である。尚円の前身、金丸青年が、伊是名島で百姓をしていたとき旱魃で周囲は水がなかったのに、金丸の田だけ雨天と異ならず水があったため水ドロボウと疑われ島を脱出した故事である。この尚円の出自を伝えるエピソードを末次は聖者と湧水が結びついた水の王の原形であると見ている。

原形であるかどうかは別として、水を犯す者への制裁または手に負えなくなった自然条件に屈して人身御供の犠牲によって購うというパターンも見出すことができる。冊封使節徐葆光など一行を迎えるために組踊を創作した玉城朝薫（一六八四〜一七三四）の作品「銘苅子」の天女の場合がそれである。

天女が羽衣を松にかけその傍の井泉で水浴していたところを見つけた里の青年銘苅子と天女の出会いの場面を通水節の曲にのせて次のように対話させている。（意訳は筆者）

〈天　女〉ややあ　いかなる理由で
知らぬ男が私の羽衣を
盗もうとするのか。
〈銘苅子〉この松は私の松なのだ。
この泉は私の泉なのだ。
どうして私の物に羽衣を掛けたのか。
〈天　女〉あなたは自然の道理を知らぬ
松も泉も天と地が和合して出来たもの。
自分だけのものと言うのは無理なことです。
（中略）
〈銘苅子〉天から降る雨でも地に下れば水となる。
あなたも天から降りてきたのだから
この世の人になるのです。

結局、里の青年は自分の松と井泉を勝手に使った天女を自分の妻として二人の子をもうけている。天女は、二人の子が成長した頃、二人の子が歌ったわらべ歌からヒントを得て羽衣をみつけ子供を残して天に昇って行くというストーリーになっている。ここにみられる天女と銘苅子の関係は、青年の所有する井泉を天女（異郷の者）が無断で使ったために制裁を受けるパターンとして受けとめられる。

自然条件が解決されない場合の例も玉城朝薫によって戯曲化されている。組踊五番のうち、一七五六年初演とされる「孝行の巻」は北谷の漏池に住む大蛇がもたらす激しい風雨による被害を食いとめるために人身御供になろうとする孝行の娘を主人公とする。娘は結局天から降りて来た観音によって救われめでたしめでたしで結ばれるのであるが、のちにつくられた「真玉橋由来記」などのように実際人が犠牲になることによって苦境をのりきるという発想の系譜を見る。（大城立裕の戯曲『真珠道』はその代表作。）

組踊『銘苅子』においては村の青年と天女の合理的なダイアローグによって、青年は天女を自分の妻にする。二人の子をもうけ、娘の方がのちに国王（尚真）夫人となりさらにその娘が最高神女になるという神話的かつ神権政治的パターンの歴史を作為していく。

尚真の時代は、神の意志を重んじる政治体制であった。尚真自身もその前王尚宣威が神女キミテズリによって生きたまま退位させられた後に即位した王であったという状況にあった。（宣威の即位と退位の一件は神権政治を誇示するための改竄と考えられる歴史観もある。）天女が生んだ娘がその国王夫人となりさらに神女の最高位につくというストーリーは神権政治の誇示にほかならないが、玉城朝薫によってドラマ化されたのは尚真死後約二百年を経過していて薩摩支配下における強圧的な封建制度も考慮に入れると、この背景には専制政治の実態をカムフラージュする意図があったのであろう。

以上、王と水の関連を概略的にみてきたが、王の水のルートとして北と南の二つの道の存在が確認された。すなわち首里城と北辺の辺戸を結ぶ北回りと首里城と受水走水周辺を結ぶ東回りの二つの道を構成していたことは歴史的に何を意味し、そこから何が派生したのだろうか。現在、各地に分散する民俗行事の中に、水儀礼に関する事例を数多く収集分類することによって王の水の二つの道と直結する象徴的な仕組み（王と民衆の関係）と雨乞いなどの模擬的芸能の分布と舞方などの芸能伝播の道へ迫ることになるにちがいない。

※1　玉城村百名にある。受水（ウキンジュ）はゆるやかに流れる受け溝の意で石灰岩の割れ目から湧き出した清水が苗代の小マシ田へ流れ、さらに走水（ハインジュ＝走り溝の意）を通って浜川浦原の親田へ流れる聖なる泉。この近辺が稲作発祥の地と言い伝えられる。死んでいた一羽の鶴がくわえていた三本の稲穂を稲種子として受水走水の小マシ田（三穂田）に蒔き、さらに親田へ移して生育させたという。近辺にあるハンタガマ（断崖の洞窟）はアマミキヨの墓と伝えられている。（湧上元雄『沖縄大百科事典』「受水走水」の項より引用）

※2　ウビナディ（お水撫で）。大事な祈願の時に行う水の呪法で若水やスデ水（孵で水）を浴びるのと同じ効果があると信じられる。撫で水、水取りともいう。正月初ウビー、三月、八月、九月の年四回のほかに、結婚式の夫婦固めの儀礼ミジムイ（水盛）にも施される。

※3　藪薩の浦原は玉城村百名と仲村渠の石灰岩丘陵にひろがる聖域地帯。東はヤハラヅカサ（神名ヤハラヅカサ潮バナツカサノ御イベ）、西は受水走水を結ぶ海岸線を起点として北方に標高一三〇メートルのミントングスクまでの約

一キロの奥行きをもつ。古老の伝承によるとアマミキョがニライカナイのウフアガリシマ（大東の島）よりまずヤハラヅカサの岩礁に上陸して浜川の洞窟に仮住まいし、さらに背後の丘陵に進出してミントングスクに安住の地を定めたという。浜川浦原は国王が稲ミシキョマに浜川、受水走水の聖地を撫でて生命力の再生をはかり浦原親田（本田）の稲穂やミチヂ（粢）の奉献ヲ受ける光明の世界であり、後背地のヤハシはアマミキョ以下の祖霊のはじまる幽暗の世界であったと思われる。光明を暗黒、生と死との二元的重層構造にこそ沖縄の御嶽のもう一つの典型があるいえよう。（湧上元雄前掲書「藪薩の浦原」の項より）

※4　尚敬王（一七〇〇～一七五一）第二尚氏十三代国王。一七一三年十四歳で即位。一七一九年、中国清より冊封正使海宝、副使徐葆光により冊封を受ける。この年重陽の宴で冊封使歓待のため玉城朝薫が組踊を創作して「二童敵討」と「執心鐘入」の二作を上演する。朝薫の組踊はほかに三作が加わり五番といわれる。その中に水に関連する「銘苅子」と「孝行の巻」がある。

※5　親樋川のこと。樋川は崖の中から流れ出る水をかけ樋で導いた泉。親が敬称。おもろさうし（巻八の四四）にも出ている。

あかのおゑつきや　ぬはのおゑつきや
しょりしゅ　もうひらくぐすく
又　しょりおやかわ　みづからど　世かける
しょりしゅ＝首里（王）こそ。
もうひらく＝村々島々を支配する。
みづからど＝親樋川の水だからこそ。
世かける＝世を守護する。

仲原善忠によると次のおもろも龍樋落成のことを詠じたものであろうとあげている。

一、おもろ、ねやがりや　世のさうず、

いぢゃちん　かみてだの

そうて　まぶり　よわちへ（巻八の七）

世のさうず＝国王が使う聖なる泉。

※6

『球陽』尚真四七年（一五二三）

毛文英（沢岻親方盛里）、びん二入リ京ニ赴キテ石龍頭ヲ得、

欣然トシテ帰来シ恭シク呈覧ニ備フ。

龍頷ヲ将ツテ瑞泉ニ安置ス。

沢岻盛里（？～一五二六）。おもろさうしには「沢岻太郎名付」とある。

名付は尚清王の名付け親だったことに由来する。一五二二年、明の嘉靖帝即位のとき、その慶賀のため尚真王の正使として北京に行く。その際鳳凰轎と吐水石竜頭を持ち帰った。ところが、その費用が多額であったため一時垣花に幽閉される。のちに邪心なく誠心誠意国王のためを思ってのことと理解され許されて首里に戻った。

鳳凰轎は大御轎として尚真王の車轎となり竜頭は瑞泉にとりつけられ龍樋となって今日に残される。

※7　中国皇帝にとって治水対策は重大問題であった。民間伝承では龍が水を支配すると考えられていたことから、皇帝は国を守護する四霊（四瑞）の中に龍を入れた。四霊とは麒麟、亀、鳳凰、龍のことである。龍は人間界のあらゆる物事を見通すので、天子が天下をよく治めれば風雨を順調にし自然界を豊かにして民衆に恵みを与えると信じられた。

第2部

水とアートの不思議な関係

琉球絵画に見る水の図像

佐藤　文彦（沖縄県立芸術大学非常勤講師）

琉球絵画の歴史は、一四〇四年の中国との冊封関係を境にして大きな展開があったと推察される。その中心となったのは明皇帝時代完成をみた御後絵（おごえ）と呼ばれる絵画様式であった。御後絵は、国王の死後描く肖像画だが、一六一二年尚寧時代、琉球国王は貝摺奉行所をつくりその中に絵師養成所をおいて中国へ選ばれた絵師たちを留学させた。彼らは中国（福建）第一の画家につき山水図や花鳥風月画などの絵画技法を学んで帰国した。

その作品の多くは中国、日本、島津藩などに献上したり、物々交換されたりするものだったので琉球側に残るものは少なかった。また、先の沖縄戦においても多くの文化財と共に焼失あるいは行方知れずとなってしまった。（当時、御後絵を管理していた歴史家の真栄平房敬氏によると、アメリカ軍が戦利品として持ち去った可能性が高いという。この証言は御後絵のみならず美術史全般の研究にとって一縷の望みである。御後絵と同じ場所で戦火を逃れた国宝級の『おもろさうし』〔尚家本〕がペリー来航百年記念（一九五三年）に際しアメリ力から返還された経緯もある。)

絵画史的にいえることは、作品群の絶対数が不足するため、特徴ある琉球絵画史の流れを通観するまでにはまだ多くの年月を要するということである。本稿は御後絵をはじめとする琉球絵画の水に関連する図像を抜き出しその意味や歴史などについて分析する試みである。

御後絵の実物は焼失または行方知れずだが、大正十三~昭和二年(一九二四~二七)鎌倉芳太郎が二回にわたる「琉球芸術調査事業」(啓明会からの資金による)においてガラス乾板に撮影した写真の中に多くの美術工芸品と共に御後絵もおさめられていたため奇跡的に写真版だけは残されていたのである。

その写真をもとに御後絵の特徴を概観してみる。大きな特徴は国王を画面の中央に大きく描き、左右相称的な表現様式で従臣たちの群像を小さく描いていることである。正面視した国王は皮弁冠服(国王衣裳、玉冠)を身に纏い玉圭(笏)を両手で持って威風堂々と御轎椅(玉座)に座している。国王の左右には三司官などの従臣が十四~十六人取り囲むように立ち並び、それぞれ刀、笏などを持って立っている。

国王がおよそ実物大に描かれているのに対して従臣たちはその半分以下の大きさで描かれている。そのため国王が巨大に見えるが、これは描かれた人物の存在を神格化する作用をもっており、古代中国絵画における勧戒画の流れを汲むものと思われる。

およそ四百年に渡って描かれた御後絵にはその時代によって図像にいくつかの変遷が見受

けられる。これは、後述するように中国が明代から清代へ移ったとき、冊封関係の規制にも変化があらわれデザイン部門（服飾の制）でも比較的自由な表現が許されていたからである。明代の国王衣裳はモノクロ写真で見る限り単色で、どちらかといえば地味な印象を受ける。それに比べて清代の衣裳は龍を中心として雲や波などが大きくカラフルに表現されており、そのデザインにも幾つかのバリエーションがある。次に国王の背景をみると衣裳とは逆に明代の御後絵には前方上部両脇に左右対称となる龍の刺繍が施された帷帳、中景玉座の後ろに天海、日月を描いた衝立、遠景両側に学問教養のシンボルである文房図（書物、香炉、花瓶など）が描かれ立体的な構図を見せる。それに対して清代の表現は国王の衣裳の雅な表現を強調させるように背景が簡素化しているように見受けられる。背景にあった衝立や文房図を描かず国王と従臣たちの大きさの比較に一層差がつけられている。また、明代御後絵で文房図の中に描かれていた左右二つの香炉が清代になると中央前方に一つだけ描かれている。

共通するのは前方上部左右に描かれた幕と床に敷詰められた敷瓦などである。床が敷瓦（タイル）であるかは断言できないのだが、東アジア調査（二〇〇一～〇三年）において中国をはじめ韓国、ベトナム、タイなどに残る同時代の王宮などの床には装飾敷瓦が敷かれていたため、私は御後絵の図像も敷瓦であったと考えている。

では、御後絵にみられる水の図像について考えてみよう。

私は御後絵に関する調査・研究の中で色彩の推定復元を行っている。鎌倉芳太郎撮影の十枚ある御後絵のモノクロ写真をもとにしてすべての作品に色づけを施した（一九九二～九六年）。御後絵の中には水に関連する図像がいくつか描かれており、その文様群に様々な工夫を重ね再生したことを改めて思い出すが、それは衝立（明代）や国王衣裳（清代）の裾に描かれた波の文様と国王そのものをあらわした龍の図像である。

波の図像 ― 青海波について

青海波（せいがいは）は同心円の一部が扇状に重なりあった連続文様でエジプトをはじめ世界各国でみられる。日本では鎌倉時代から古瀬戸瓶子に描かれたのが起源とされている。「青海波」の名称は雅楽の舞曲名から出ているが江戸時代中期、漆工職人の勘七が特殊な刷毛で描いた青海波の巧みさからこの波文様を「青海勘七」と称し工芸全般に普及していった。現在でも工芸を中心にして絵画や着物などに広く使用されている文様である。

御後絵では国王玉座の直ぐ後ろに設置された衝立に描かれた絵文様に登場する。明代における琉球国王（尚円、尚真、尚元、尚寧、尚豊）の御後絵までは描かれているがその後の御後絵では描かれなくなった。この衝立の絵画は上部に日象月象図（太陽と月）と霊芝雲、下部に青海波という構図である。また、御後絵の青海波には所々に波濤（大波）文が描かれているのがわかる。これは中国宋時代に始まり元・明によく使われた文様で、静寂感のある青

佐藤文彦『三代尚真王御後絵』綿布に和紙と絹、アクリル絵具・顔料
162×174m　1996年

海波から勢い余って外れた波濤が描かれている。

日象月象図は太陽と月を描いたもので、その起源は中国にありアジア全般にひろく伝播した。太陽はあらゆる国で信仰の対象とされており永遠に輝き続けるものとして永久不滅の思想を生んだ。日本では天照大神として仰がれている。月は静寂を象徴するもので叙情的な文様である。陽と陰、男性原理と女性原理の象徴などと同様に常に対極のものとして描かれてきた。中国明代の皇帝肖像画には皇帝が纏う龍袍（皇帝衣裳）の肩部分に日象月象図があしらわれている。

霊芝雲は瑞雲とも呼ばれ古来より中国では仙人が住む山中から湧き出る雲のことを称しその動きや形で吉凶を占った。日本では仏教美術に多く描かれている。この組合わせは国王のシンボルとして成立している。

また、細部を見てみると他にも青海波が描かれた部分が見受けられる。初代尚円王御後絵を例にすると、国王皮弁服の裾の飾り部分や従臣の冠の淵、着物の襟部分、文房図の花瓶の文様などで主に明代の御後絵の細部に描かれていることが分かった。

波の図像――寿山福海について

清代の国王（尚貞、尚敬、尚穆、尚灝、尚育）御後絵にも波の図像は描かれている。皮弁服（国王衣裳）の裾に注目してみると岩山と波濤の文様が確認できる。これは寿山福海（じゅさんふくかい）と称する文様で山のように絶えることのない寿、海のように尽きない福を表現したもので明代の漆盆、五彩の壺や瓶などに多く見られる。

一方でこの文様を火山の爆発と大洪水を表現したものであるという解釈もあり統一されていないが、この文様に龍の図像が加わることにより後者の説が真実味を帯びてくる。龍（皇帝）が火山の爆発と大洪水の被害から人民を救済し復旧させている場面として見ると龍＝皇帝が絶大な力をもっているという神話的な解釈ができるのである。

この龍と火山、洪水の文様は中国皇帝や皇后の龍袍には必ず表現されている。御後絵に見られる波の図像は第十八代国王尚育（在位一八三五～四七）の皮弁服では大きな変化を見せる。これまでの図像と比べ火山と洪水の文様が龍の図像と共により巨大で動的になり、服の隅々まで描かれるようになる。波濤には渦を巻くものまで描かれ非常に独創的である。このように波の表現には幾つかのパターンがありそれだけ自由な表現が許されていたことがわかる。

佐藤文彦『十四代尚穆王御後絵』綿布に和紙と絹、アクリル絵具・顔料
162×168m　1995年

龍の図像 ― 龍と水について

龍は中国の代表的な文様として三千年以上の歴史をもつ。最古の図像はメソポタミア文明のシュメールやバビロニアに遡るが、中国においては新石器時代における二大文明（仰紹、竜山）期にその源流を求めることができる。龍の発想の根底には水（魚）と蛇の関係がかかわっている。龍の図像があらわれる前は蛇の形をしていた。新石器時代には長い蛇や翼のある龍のイメージがあらわれている。中国では人面蛇身をもつ万物創造の男女神伏羲と女禍の図像が神格化されるようになる。やがて巨大な蛇体で長い顔、頭に二本の角、四本の足と五本の爪という龍本来の形が生まれた。龍は深淵の水中に棲み、天空を自由に飛行して人間界のあらゆる物事をも洞察するとされたことから治水政治と権力者のイメージが結合されてゆく。そして皇帝が天下をよく統治すれば風雨天候を順調にし豊かな漁をもたらすと信仰され、中国の歴史とともに皇帝＝龍として確立されていった。

龍の図像 ― 御後絵の龍

龍は中国皇帝の象徴であり万物を支配する絶大な力をもっているとされた。したがって明朝、服飾の制では中国皇帝以外はこの図像を使用することが禁ぜられていた。琉球国王に対しても着用する皮弁服や前述した帷帳などの装飾に関しても龍をあしらってはならないと定められていたのである。

ところが、御後絵に描かれた国王衣裳や背景にみられる帷帳などには一見龍と思われる図像が描かれている。しかし、この図像は解釈的には正統な龍ではないのである。龍と思われる図像の爪の部分をよく見てみるとその数にばらつきがあることがわかる。歴代順に龍の爪の数をかぞえてみる。

初代尚円（四爪）、三代尚真（四爪）、五代尚元（三爪）、七代尚寧（三爪）、八代尚豊（四爪）、十一代尚貞（四爪）、十三代尚敬（五爪）、十四代尚穆（五爪）、十七代尚灝（五爪）、十八代尚育（五爪）

本来、龍は五爪であり中国皇帝のみが五爪の龍を使用できた。琉球国王にみられる龍は正確には「蟒」（もう）と称される龍に似た架空の動物であり、明朝より下賜された琉球国王用の皮弁服は「御蟒緞」（ウマントン）とも呼ばれることから龍とは区別されていることがわかる。

蟒の他にも龍に似た架空の動物が存在する。すなわち「飛魚」（四爪で背に翼があり魚のような鰭や尾をもつ）、「斗牛」（四爪で角が牛のように外側に曲がっている）、「蛟」（四足で大水を起こす）、「應」「蜃」（四足で翼があり蜃気楼を出す）、「虯」（二足で角がある）、「璃」（二足で角や翼がなく、水中に棲み天に昇れない下級の龍）などである。これは階級をあらわしており、水中に棲む蛇状のものが一番下級、次いで翼をもち飛べるもの、やがて天空を翼なしで飛べるものとなっている。この階級は中国の龍の図像が歴史的に発達、変化していった過程と共通しており興味深いものがある。

明代の服飾の制は清代に入ると禁を解かれ文様においては自由に表現できたと推測される。したがって十一代尚貞王から十八尚育王の龍の図像は次第に四爪から五爪へと描かれるようになった。これは前述した明代と清代の御後絵全体の表現の違いとも関連している。

龍の図像以外にも皇帝との差別化を現わす図像がある。それは玉冠と呼ばれる玉があしらわれた冠で、皮弁冠、タマンチヤーブイとも呼ばれる。玉冠も皮弁服とともに中国皇帝より下賜された王権の象徴であるが、現存する玉冠は清代に琉球でつくられたもので、黒縮緬の表地に金糸の筋を置き、金、銀、水晶、珊瑚など二六六個の玉を一個ずつ金の鋲でとめる構造である。この玉をとめた筋状の金糸は旒と呼ばれ中国皇帝の十二旒に対して琉球国王は七旒の玉冠をかぶることが定められていた。御後絵における玉冠の旒の数を次に記す。

初代尚円（七旒）、三代尚真（七旒）、五代尚元（七旒）、七代尚寧（七旒）、八代尚豊（七旒）、十一代尚貞（七旒）、十三代尚敬（七旒）、十四代尚穆（十二旒）、十七代尚灝（十二旒）、十八代尚育（十二旒）

やはり清代を境にして七旒から十二旒の玉冠に変わっているのがわかる。

以上のことから清代には皮弁冠服の下賜はなく反物などが下賜されたため、琉球側はそれを用いて独自に衣裳や冠などを作製し中国皇帝と同じ五爪の龍や十二旒の玉冠となっていったことがわかる。

御後絵以外の琉球絵画にみられる水の図像ついて探索する。山水画などにも水に関連する作品が多く見受けられるが、興味深いのは自了筆の「渡海観音図」である。鎌倉芳太郎は琉球王朝時代の画人「五大家」の一人として自了＝城間清豊（一六一四〜四四）の名をあげている（他は呉師虔＝山口宗季、殷元良＝座間味庸昌、向元瑚＝小橋川朝安、毛長禧＝佐渡山安健）。

自了は三十歳という若さで亡くなり、その誕生と死亡が十月十八日と同じ月日であること、また生まれつきの聾唖の身であったことなどから絵師としての優れた才能の他に神仙術を身につけていた面も伝えられている。（陳元輔『中山自了伝』）

自了の作品はほかに「白澤之図」、「陶淵明図」、「高士逍遙図」、「松下三高士囲碁図」、「松下三高士図」、「李白観瀑図」、「寿老人」などがあるが、ほとんどが沖縄戦で焼失しているものとみられる。現存するのはわずかで「白澤之図」、「松下三高士図」が確認されているのみである。

自了筆「渡海観音図」もまた同様に沖縄戦を境に行方知れずとなった幻の絵画であるが、やはり鎌倉芳太郎によって撮影されたモノクロ写真の中に確認できる。この作品は龍の頭をもつ鯉に乗った観音が海を渡る姿で描かれており、ここでも波濤（大波）と龍（頭）が登場している。

渡海観音は三十三観音の一つの「魚藍観音」の形態と酷似している。魚藍観音には二種類の表現があり、一つは手に魚の入った籠を持っている像。もう一つには大魚に乗っている像である。中国にはじまり羅刹や悪魔などの害を取り除くとされた。大魚の他に毒龍（龍頭の魚）などに乗る姿が確認できることから「渡海観音図」は後者の魚藍観音の流れをくむものと考えられる。しかし画題についての詳細は不明な部分が多い。

極彩色だったという本作品はモノクロ写真を通してでも鮮やかさが伝わってくるが、龍の頭をした異形の鯉が荒々しい波濤をかきわけ海原を進む姿が描かれた画面下部の動的な図と、その鯉の上に乗る観世音菩薩の穏やかな表情とのコントラストが最大の魅力であろう。激しい波濤と鯉（毒龍）の動きを治めるかのような観音像の構図は、前項に揚げた御後絵に描かれている火山や大洪水の天変地異を龍＝皇帝が治める構図とも結びつく。

「渡海観音図」は本来、航海安全を祈願する場所であった臨海寺に収められ「自了観音」として伝えられたが、大正時代に沖縄県立図書館に移され、当時の館長伊波普猷によって県什宝として大切に保管されていた。戦前は模写をする画家が数人いたが自了の作品には遠く及ばなかった。

以上、琉球絵画の中から「御後絵」および「渡海観音図」にみられる水の図像について述べた。中国との朝貢関係により生まれた御後絵と、その絵師たちによって描かれた山水画などの作品群へ「水の図像」というテーマで改めて接することにより、新たな発見もあり、探究心も強まった。

次の課題は、幻となった多くの作品を捜索することであり、それによって琉球王朝時代の絵画史も成立すると考える。

水と彫刻と街と

堀　隆信（沖縄県立芸術大学非常勤講師）

初夏から盛夏にかけて日中の最高気温が三〇度を越えるような日が続く季節になると、この時期の風物誌として、公園の池やそこにある噴水で水浴びをする親子連れの映像を、テレビのニュース番組などでよく見かける。今日、街の広場や公園に噴水があり、付近の住民の憩いの空間、あるいは癒しの空間となっていることは、わたしたちにとって、もはやあたりまえの事となっている。

一口に噴水といっても、温泉や間欠泉、井戸のように自然に湧き出しているものもあれば、水道を引き人工的に作り出したものもある。今日、わたしたちが一般的に噴水という場合は、自然に湧き出しているものより、何らかの人の手が加えられた噴水を思い浮かべることの方が多いだろう。そのような人工的に作られた噴水には、サイフォンの原理を応用した、重力によって押し上げられた水が垂直に噴き出したり、ある程度の高さから流れ落ちるものもあれば、機械制御などにより、時間の経過に従って噴き出す水の形や量が変化するもの、霧を吹き出すものや、壁面を伝い落ちることで流れ落ちる水の表情に変化をつけるものなどがある。それらに加え近年では、様々なライトアップが施されることで、観賞用としてわたしたちの目を楽しませてくれるものも増えている。これら噴水の中には、水が噴出し、あるいは流れ落ちていく姿形を見せるだけではなく、噴水とともに彫刻が設置されているもの、というよりもむしろ噴水全体や水の噴出口の装飾として彫刻が用いられているもの、あるいは造形表現の一要素として噴水が取り入れられているような彫刻もまた数多くある。ここではそれら噴水彫刻とも呼ぶべき作品にスポットを当ててみたい。

以前、ロンドンの街並みを歩いたとき、公園や広場はもとより、主要な道路から外れた裏通りの、ちょっとしたスペースにも立派な台座の上に人体像やモニュメントが設置され、それらが周囲の街景にほどよくとけ込んでいるのを見て、深い感銘を覚えたことがある。ロンドンに限らず、ヨーロッパの都市においては、公園や広場といったパブリックスペースや庭園などにはさまざまな彫刻やモニュメント、噴水などが設置されていることが多い。もともと英語や仏語、伊語などで「噴水」を意味する言葉には、同時に「泉」という意味がある。泉はさまざまな神話や物語にあらわれており、文字通り芸術作品の発想源としてルーカス・クラーナハやドミニック・アングル、はては近代のマルセル・デュシャンにいたるまで、多くの芸術家たちに取り上げられてきたポピュラーなモティーフである。ヨーロッパの街並みには、実際にそうした芸術作品（さすがにデュシャンの「泉」は除くけれど）から取り出したかのような形をした噴水が数多く設置されている。

歴史上、記録に残る最古の噴水は、ピシストラトス（紀元前五六〇～五一〇年）親子によって製作されたアテネのカリロエの噴水だといわれている。これ以降ギリシャ世界にさまざまな噴水が建設、普及し、ヘレニズム時代後期には水力学の発展により、高度な技術による噴水が出現したという。こうしたヘレニズム時代の文化を引き継いだローマには、ヨーロッパの主要都市の中でもとりわけ魅力的な噴水が多く見られる。

古代ローマ帝国では紀元前三十一年、初代皇帝オクタビアヌスの右腕だったアグリッパによって水道橋と地下水道からなる「ユリア水道」が建設され、これに伴い五〇〇個の噴水、七〇〇個の公共用水盤と水おけが設置されたようである。アグリッパはその後、紀元前十九年に「処女の水道」と呼ばれる長さ二十二キロの水道も建設したが、その終点となっているのが現在でもローマの名所として有名なトレヴィの泉である。これらの水道設備や噴水は中世に一度は破壊されてしまうけれど、ルネサンス期以降に再建されるようになり、とりわけバロック期には当時の歴代教皇たちによって数多くの噴水が設置されていった。中でも目を引くのは、この時期を代表する彫刻家であり建築家であるジャン・ロレンツォ・ベルニーニ（一五九八年～一六八〇年）の噴水彫刻だろう。

ナポリで彫刻家の息子として生まれたベルニーニは、早くからその才能を認められ、十代の終わりから一六二四年にかけて、シピオーネ・ボルゲーゼ枢機卿のために『プルートとプロセルピナ』（一六二一～二二年）、『ダビデ』（一六二三年）、『アポロンとダフネ』（一六二二～二五年）といった諸作品を制作した。これらを見ると、荒々しくプロセルピナを抱きかかえるプルートと、その腕から逃れようとするプロセルピナ、あるいはまた逃げるダフネを捕らえようと手を伸ばすアポロンと、恐怖の叫びをあげ身をよじるダフネの姿などは、彫刻作品でありながらとても芝居がかったポーズであり、作品世界に鑑賞者を巻き込むかのような臨場感がある。またプルートの指がプロセルピナのわき腹や大腿部に食い込む様子やプロセルピナの頬を伝う涙、あるいはダフネの柔らかな指先や足先が月桂樹に変化していく様などは、素材が大理石であるということを忘れさせるほどの精緻な描写がなされている。これら初期作品にすでに表れている、鑑賞者を作品世界に巻き込むような大胆な構図と臨場感や、生身の人体や硬質の樹木、衣服やマントの襞といった質感豊かな精緻な描写は、ベルニーニ彫刻の大きな特徴である。

彼はその後、一六二九年にサン・ピエトロ大聖堂の主任建築家に命ぜられ、大聖堂内のバルダッキーノ（大天蓋）（一六二四～三三年）、『聖ロンギヌス』（一六二九～三八年）を制作し、大聖堂前の楕円形の列柱廊を設計するなど、ローマ各所の聖堂、墓廟、噴水、モニュメント、広場といった大規模な事業にたずさわり、ローマの景観を形作るのに多大の貢献をした。

ローマに現存するベルニーニの手による噴水彫刻で著名なものとしては、トリトーネ（トリトン）の噴水（一六四二〜三年）や、『四大河の河神の噴水』（一六四八〜五一年）があげられる。トリトーネの噴水は、バルベリーニ家出身の教皇ウルバヌス八世の命により造られたもので、バルベリーニ広場の中央にある。この噴水の主役であるトリトンは、腰から上が筋骨隆々としたたくましい男性像、腰から足にかけてはうろこが生えた魚という、神話から抜け出したかのような姿をしてひざまずいている。彼は天に向かって捧げ持つホラ貝を吹いているが、朗々と響くであろう音の変わりに水が噴き出す仕掛けになっている。トリトンがひざまずく二枚のホタテ貝は、三匹のミツバチを彫り込んだバルベリーニ家の紋章の上に乗っており、紋章はさらに四頭のイルカによって支えられている。このイルカは丸い目をカッと見開き、キバのある口を大きく開け、胴体からしっぽを上方に振り上げており、一見するとシャチホコのようにも見えるユーモアあふれる姿をしている。

『四大河の河神の噴水』はナボーナ広場の中央にあり、ベルニーニの都市彫刻の中でも最も大規模なものである。四大河とは、ヨーロッパを象徴するドナウ河、アジアを象徴するガンジス河、アフリカを象徴するナイル河、アメリカを象徴するラプラタ河のことで、これらを表す計四体の擬人像が設置されている。このうちナイル河の擬人像は、当時まだ源流が見つかっていなかったという理由で頭部を布で覆い、ほおかぶりをしているかのような姿をしている。四体の擬人像は、巨大な岩に身を寄せており、その岩の上にはオベリスクが立てられ、さらにその上には教皇の紋章や十字架がある。これは四大陸全てをキリスト教によって

四大河の河神の噴水

教皇が支配する、という意味をもっている。この噴水があるナボーナ広場は、もともと古代ローマの競技場だった所で、幅五十メートル余り、長さ二百メートル余りの楕円形をしている。現在では連日多くの屋台がたち、ローマ市民や観光客の憩いの場となっている。この噴水の南側には同じくベルニーニによる『ムーア人の噴水』があり、北側にある『ネプチューンの噴水』とともに、単なる噴水彫刻というだけでなく、このナボーナ広場を巨大なバロックの劇場空間としている。

ここでローマを離れ、西洋由来のわたしたちになじみ深い噴水彫刻をみてみたい。愛らしい童子姿で勢いよく放水する小便小僧は、だれもが街角の公園や広場などで一度は目にしたことがあるだろう。

もっとも昨今では、実物を見る機会より、テレビコマーシャルに登場するキャラクターとして目にすることの方が多いかもしれない。小便小僧のオリジナルは、ベルギー、ブリュッセルにある。ブリュッセルの中心地にある広場グランプラスにつづく、レチューブ通り沿いの街角に立っている。十四世紀にはすでに現在の場所に「ジュリアン坊やの噴水」と呼ばれる小さな石像があって、人々に飲料水を提供していたという記録がある。一九八八年には地元で生誕六〇〇年祭が開催され、ブリュッセルの最長老市民として多くに人に親しまれている。

現在の小便小僧は一六一九年に彫刻家のジェローム・デュケノワが制作した高さ五十六センチのブロンズ像だとされている。この像はこれまでにも何度も盗難に遭っており、このため初代の小便小僧はグランプラスにある市立博物館「王の家」に保存されている、ともいわれる。小便小僧がこれまでに遭遇した災難の中で最も有名なのが、十八世紀の中頃フランスのルイ十五世の軍がこの小便小僧を持ち去り、キャバレーの前に捨ててしまったという事件だ。ルイ十五世はこのことを詫び、像を元に戻すとともに上等の衣装を贈ったという。そしてこのことがきっかけとなり、世界中から衣装が贈られるようになったそうである。日本からも朝日新聞社が、一九一五年に第一次世界大戦でのドイツ軍のベルギー侵攻に対する抵抗精神をたたえて日本刀を贈り、その後一九二二年に剣架、一九二五年に緞帳、一九二八年には桃太郎の陣羽織を贈っている。

小便小僧の由来には諸説がある。ひとつは十二世紀半ば、生後数ヶ月の坊やが、死んだ父の代わりに戦場の兵士を激励するためにゆりかごにつるされた。戦況が思わしくないとき坊やはゆりかごに立ち小便をした。この姿が戦場の兵士たちを勇気づけ逆転勝利に導いた、という説。あるいは市民が子供を連れて祭りを見物に行ったとき見失った子供が、五日後に現在小便小僧が置かれている場所で小便をしているところを発見されたという迷子説、また別のところでは、町役場の爆破をねらった爆弾（あるいはその導火線）に、小便をかけて消し止めた武勇伝。さらには、今の小便小僧がある場所に住んでいた魔女が、自分の家の玄関に小便をした子供を石に変えてしまったという魔女説など、内容も様々であるが、いずれも小便小僧の愛らしい姿を彷彿とさせるほほ笑ましいエピソードといえるだろう。

先に述べたように、ブリュッセルの小便小僧には世界中から衣装が贈られ、その数は現在では四百着余りにのぼり、これらも市立博物館「王の家」に保管されている。祭りの時などの折りに触れ、小便小僧はこれらの衣装で身を飾り、その姿がまた見る人たちに親しみを湧かせている。日本でも、東京・浜松町駅にある小便小僧や、山形市の北山形駅前の小便小僧が折りに触れ様々な衣装で身を飾り、親しまれている。また、特別な話題にならずとも、比較的小型の童子姿の彫像は、酔っ払いが服を掛け忘れていったり、もしくは意図的に衣装を着せられることで、地域の人たちに親しまれているケースが多いように思う。

ここで日本の噴水彫刻に目を移してみたい。噴水彫刻といっても、西洋と日本ではやはり歴史的、文化的な背景が大きく異なっている。そもそも今日のわたしたちが一般的に考える彫刻、さらには美術という概念自体が、明治以降になって西洋からもたらされたものであるし、西洋で彫刻が設置されることの多い広場や公園といったパブリックスペースという概念もまた、西洋から移植されたものである。噴水が設置される場所の一つに庭園があるが、幾何学的に通路や水路、植物を制御し秩序立った空間を作り出していく、その構成要素の一つとして噴水を設置している西洋に対し、日本では寝殿造りの回遊式庭園にしろ、枯山水の庭園にせよ、少なくとも表面的には自然の山河や海原を再現しようとするものであって、そこに人工的な噴水が設置されるところを想像するのは困難である。ただ、だからといって水を用いた人工的な構造物が全く無かった訳ではない。回遊式庭園にある池は、周辺を流れる川から人工的に水を引いている。枯山水の庭園でも、茶室の入り口などには手洗い用の手水鉢として用いるつくばいにはさまざまな意匠が施されるし、筧を用いて引いた水の先に鹿威しがあるのも、たとえ実物を見たことが無くとも、時代劇などでおなじみの光景であろう。また、神社仏閣でも入り口には御手洗（みたらし）があり、そこでは龍の口や蓮の花から水が出ている。

現在、日本で最古の噴水施設としてあげられるのが、奈良県明日香村にある須弥山石と石人像であろう。須弥山石は、明治三十五年、同村の石神遺跡から出土した。石臼のような円柱状の石が三段重ねになっており、高さは二・三メートルある。中段と下段は直接つながらず、間にもう一つあったのではないかと考えられている。各段の表面には浮き彫りが施されており、それぞれ上段は仏教世界の中心にそびえる須弥山を、中段はそれを取り巻く山々、下段は須弥山に打ち寄せる浪の意匠のようである。特に山の意匠は、法隆寺五重塔初層にある塑像の山岳との類似が認められる。いずれの石も内側には水を溜めるためのくりぬきがあり、下段の石には四方に小孔があり、水が噴き出すようになっている。須弥山石は現在、飛鳥資料館内に展示されており、同資料館の前庭には噴水も復元されたレプリカが展示されている。実際に見ると、周囲は大人ひと抱えあり、高さも中段と下段の間にもう一段の石がはさまれているため二・三メートルよりも高くなっており、一瞬、須弥山というよりもファルスかと見まがうような堂々たる姿をしている。須弥山石が発掘された翌年に見つかった石人像は年経た男女が背中合わせになった奇妙な姿をした像である。この像も底部中央から垂直に孔が穿たれ、さらにこの孔から男女の口に小孔が通り、そこから水が噴き出ていたようである。現在資料館に展示してある像は男性の口からあごの部分が欠落しており、内部の孔の通り道がよくわかるようになっている。

西洋的な、水を垂直に噴き上げる噴水として最古のものは、金沢・兼六園にある一八六一年に作られた噴水のようだ。また、公園装飾用の噴水として最初に作られたのは、長崎・諏訪神社内にある長崎公園の噴水だといわれている。ただ、この噴水は現存しておらず、現在の長崎公園にある噴水は明治十一年に出版された「長崎諏訪神社御社之図」を基に復元されたもののようである。金沢にせよ、長崎にせよ、江戸時代にあっても比較的異国の文化に触れる機会の多い土地なればこそということが出来るだろう。

今日の日本の噴水彫刻については、野外彫刻の流れを考慮する必要がある。先に述べたように、公共の広場や公園という野外に彫刻を設置するという考え方自体が、明治以降にもたらされたものだ。西洋において、そうした彫刻の多くは、記念碑的な性格が強いものである。戦前の日本に設置された野外彫刻の多くもまた、神武天皇や日本武尊といった歴史上の英雄をはじめとして、国家興隆に貢献した英傑たちを顕彰するための像が占めている。しかしこれらの彫刻の内、九割以上が第二次大戦時の金属回収によって取り壊され、わずかに残った彫刻もまた戦後になると、軍国主義のシンボルとして相当数が撤去の憂き目にあってしまった。国内で積極的に野外彫刻が設置されるようになるのは、ようやく一九七〇年代になって以降であり、一九八〇年代からバブル経済崩壊までの頃、全国各地の自治体で「彫刻のあるまちづくり」事業が推し進められていった時期が、一つのピークであったといえるだろう。野外に置かれる彫刻は、その置かれる場所や周囲の環境、設置する目的、あるいはその時代状況や政治的な思惑など、純粋な芸術的価値以外の要素が多分に絡み合っている。いささか噴水彫刻から話が逸れてしまったけれど、右に挙げたような性格はこれまで見てきた噴水彫刻にもいえることである。

良質の噴水彫刻は、ここで取り上げたもの以外にも、もちろんある。それは国内各所にも、海外にもある。屋外に設置される彫刻はただでさえ管理が難しいし、常に水が使われることで苔むしたり、変色してしまっているものも多い。それでもなお噴水彫刻は、街あるいは都市のランドマークとして、付近の住民やそこを訪れる人たちに憩いの場を提供しており、彫刻作品が純粋に芸術作品としての価値だけで成立するものではないということを象徴しつづけている。

参考文献
鈴木美治「ローマの噴水‐1」『建築』一九七〇年五月号　中外出版株式会社　pp.101～108.
岩崎岩次「日本の噴水（1）‐見聞記‐」『工業用水』第三七六号　平成二年一月二十日発行　社団法人日本工業用水協会　pp.42～53.
岩崎岩次「小便小僧‐見聞記‐」『工業用水』第三八一号　平成二年六月二十日発行　社団法人日本工業用水協会　pp.47～56.
若桑みどり「イタリア・バロックの彫刻と工芸」『世界美術大全集　バロック1』一九九四年小学館　pp.173～184.
柳生不二雄「彫刻のあるまちづくり＝広島　最上寿之の「テクテクテクテクテク」と比治山芸術公園」『三彩』一九八三年七月号　三彩新社　pp.64～70.

『水標・エナジー』を創る

大城　讓（画家）

水を直接のテーマとして創作したことはなかった。意識的な色彩選択ではないが、僕は赤や黄の原色を主体として、目に見えぬ、生きとし生けるもののエネルギーの視覚化の可能性を、平面や木を加工したレリーフ状の画面で探っていた。そのエネルギーとは燃焼のイメージであって、どちらかといえば、字句から発する日常観念では水と対極の位置にあった。だから、二〇〇〇年六月、「水の沖縄プロジェクト」の発足に呼びかけられたときの気持は、「僕に何ができるのだろうか」だった。

これを記している現在、五年間のプロジェクトは残すところ約半年になった。これまでに多数の研究会が行われ、どうあっても都合のつかない場合を除いて参加をしてきた。いままでに「水の沖縄プロジェクト」で開催された研究会を振り返ると、池田一氏のプロジェクト、水に直結する井泉や河川、地下水脈、絵画や彫刻と水の関係、石、洞窟、庭園、シーサー、舞踏、音楽、あすむい祭り、水と直結するものしないもの、様々な角度と切り口の「水」と芸術との関係のテーマが思い起こされる。五年という短くはない期間を設定し、研究会を重ねてきたことは、今振り返れば大きな力を感じる。水が土中の栄養物を溶かし込み、植物の根に滲み込ませていくように、目に見えず静かに感覚の奥に作用したであろう実感がある。しかしそうであっても、即効的なインスピレーションが降りてくるわけではなく「俺はどう向き合うんだ?」と自問の反芻が続いた。

その反芻に一つの区切りをつけたのが、「沖縄・水/アートフォーラム」(二〇〇一年六月)であった。二〇〇二年に開かれるはずの野外展におけるインスタレーション、そのプランを提出するというのがこのときの課題であった。展示会の三ヶ月前から、制作への助走が始まった。

取材のために幾度も受水走水、百名ビーチへ出向いた。

亜熱帯の春の空気に包まれて、受水走水の湧き出し口からは淀みなく水が湧き出している。僕は、水音を連ねて畑の境界に沿って折れ曲がりながら、海へと向かっていく水路を辿った。流れは野菜畑や砂糖きび畑の間をぬい、砂利道の下に潜り、土や石積み、セメント、トタン板で補修を繰り返されたであろう土提を流れ、溜まり場に落ち、防風林の暗がりをくぐり、百名海岸の広がりへと抜け海に交わっていく。そこには、純粋なる自然が起こした湧き出しと、人の営みによって作られた半自然が何事もなく調和し、再び自然へと循環していく姿があった。

性急な頭の中のコンセプトや、これまでの制作方法では簡単に実現できないだろうという予感を感じていた。だから、初めに足を踏み入れた段階では、場所ごとに変化する流れの表情やその水音、無雑作に石を積み上げた小さな渡り橋の味わい深さ、そうした古の村落をおもわせる空気の中に身を漂わせ、全感覚をニュートラルな状態にすることをただただ楽しんだ。

そこに在る小自然が僕の感覚に何をもたらしてくれるのか、依然としてモヤモヤとしたニュートラル脳で何度も通う裡に、水の流れの変化の多様さを僕は知ることになる。

受水走水の湧き出し口から水が出てこないことがあった。かと思えば、あたかも滝があるかのような音をたてて激しく流れる時がある。雨の後先による流れの変化は、海辺の白砂を深く削り、澄んだ豊かな流れが海へとつながることがあれば、最後の溜まり場を砂浜がさえぎり、水は砂浜へ滲み込むばかりともなった。

微妙だが限りない変容に驚かされているうちにかすかな光が見えてきた。たかだか三五〇メートルほどの水路の小自然。その地域の者でないので当然だが、水路の行方をまず僕は知らず、水路にかかわる人の営み、その営みと自然との融合による情景の豊かさ、水の循環のもたらす小規模ながらもダイナミックな地形変化を初めて知ったわけだ。受水走水を幾度も訪れて得た考えは、自身の無知の再確認、そこから始めるしかないということだった。つまり、受水走水の湧き水が流れる水路にそってギンネムの木を立ててゆき、その上に青いロープをかけて水路の姿を空中に描き出し、そこに多くの人びとに結んでもらったリボンをかける。各人の水に対する思いがこもるリボンは、風をうけて大地と対話する。

水路の行方を辿る青リボンの空中の流れ、「水標」と書いて「みずしるべ」のイメージが脳裏に浮かんだ。

さて、『水標』のイメージがほぼ固まった後も、まだ明らかでないモヤモヤとした気持が僕には続いていた。雨として降り、土中に潜り、地上に湧き出し流れとなり、海へと注ぎ上昇し再び雨となる。その過程の間には、生命あるものを支えるエネルギーを運び、生命を育む媒体としての水の力、その役割があるはずだった。そうした水の存在が表現されなければ、『水標』は単に水路の見取り図としての具象標識にしかならないだろう。

やがて、その自問の中から、水の持つ力が風景と対比されるとどうなるかと考えたときに現れたのが『エナジー』という一種の象徴的なかたちだった。期せずしてそれは、僕が室内の壁面作品で探求しているテーマと深く関連するものであった。

野外インスタレーションの制作には予想を超えた数多くの作業が必要だった。『エナジー』で使用した、家の庭をジャングル状態にした多数のクロトンの苗。気ぜわしくなりかける作者を尻目に、自然は永遠に繰り返される時間の流れで植物を育て、木の充実には一年を要した。素材の選定にも一年の思考を繰り返し、材料となったギンネムの切り出しや、それの大量の運搬作業には、経費と肉体の軋みが伴った。強烈な陽光の下での作業の他にも、心理の中では最も苦手意識のある事務的作業をも要求された。関係機関や周辺地域への協力依頼、そのための資料作成、公民館での説明会、そして周辺地主を訪ね許可を得た。また、一般参加型の制作にするべく、友人知人の協力を得て多数の青いリボンの結びつけを行ってもらわねばならなかった。それらの、自己自身の時間配分では成り立たない活動は、最もやっかいなストレスを生み出すものであり、その克服は決して容易ではなかった。

　そのような内と外の制作労働の重圧を支えたものが作品そのものの存在であったと信じたい。「水」を起点として生まれようとするインスタレーションが、この場所の自然および半自然と対峙した時に、どのような効果を生み出すか。その緊張と調和が、どれだけ作者と空間の双方からのメッセージと成り得るかという問いかけが僕にはあった。

　自然の森の木でなく、放置畑に繁茂する雑木であったから、大量に切り出しを要する素材として選択したギンネム。かつて僕は、その畑を開き、農業を糧としながら美術活動ができないかと考えていたことがあった。ゴーヤーとスイートコーンの水の確保のため、エンジンポンプと大量の農業用ホースに金をかけたのだが、過去にいくらでも湧きあふれていた取水場の西井（イリーンカー）は、一度ポンプを動かした後に一週間、水が溜まるのを待たなければならなかった。

　アスファルトを敷き、コンクリートで固めた側溝へ水を流し込み、水溜まりのない道の利便性を享受した我々は、経費がかからず気軽に使えた水の場所を失っていく。真平らな利便を求める農地改良と称される事業でも、水の湧く場所を押しつぶした後に金をかけて水を探しまわる。受水走水の近くの畑を借りて野菜作りに励む親川さんが言った。「水のあるところを選んで畑を借りるわけさー」単純で明快な一言だった。

僕にとって初めての野外インスタレーションの制作には、材料確保や現場の補助作業を手伝ったスタッフをはじめ、多くの人の手が関わっている。それらの人の前では表さずとも、途中、幾度か疲労し、ひるみかける生身の自身もあった。

ギンネム山の蚊の大群の猛攻撃やその対策のための厚着の中の熱。何日もの山篭りにもイメージと見合う量にならない材料。設置した支柱の枝先が片目を突き、赤く腫れあがった目で救急病院へ駆け込み、焦る気を押さえ、一日だけの休養日とした翌日の夜には、百名ビーチの駐車場で車もろともの焼身自殺があった。病気を苦にしての末のことだったという。その一角を材料置き場としていた駐車場の、黒く焦げた側を通り、完成のために時間のない我々は黙々と作業を続けた。

さて、振りかえれば取材にはいってから一年半、ギンネム材確保作業から一月、現場の設置作業が三週間、その間には様々な人の野外展への接触があった。紙数が少なくなったのでその幾つかを記しておきたい。「あんた達変なことするんだねー」と新原集落の店屋小（マチヤグワー）のオバーはニコニコと笑いながらリボンを結び、ポスターを貼ってくれた。地域への協力依頼の後、水路沿いの畔は、草を刈られ整えられていた。ブルーリボンを結んでくれた人は四〇〇名以上にもなり、そして案内通知の呼びかけに参じてくれたのは百名を超えたのではなかろうか。『水標』の側を通りかかり、「エッ、これサクヒン？」と顔を傾けて去っていった土木作業員もいたし、野外展のチラシで挨拶すると怪訝な顔をしていた野菜農家の親川さんは、やがて大量のギンネム材と格闘する我々に近づいてきて「あんた達よう頑張るね。自分も手伝いたいけどよ、野菜が忙しいもんだからね」と言ってくれた。彼は、最終日の会場にやってきて、『エナジー』の前で記念撮影におさまってくれた。

最後に、自然界の粋なはからいを記して結びとしたい。

材料切り出し追込みの我々に、集中豪雨的な雨が三日近く降り落ちた。泥に足を取られながら、雨のしたたる雨ガッパの奥で、僕は「天の試練がすぎるんじゃないか！」と時々舌打ちした。ところが、材料を運んだ日には空は晴れ、閉ざされ消えかけていた砂上の川が豊かに流れ、白い砂浜に小さくとも美しい湖が出現していた。それは、受水走水からの淡水が海岸につくりだした小さな池にすぎないが、僕の目にはかぎりない自然の恵みをあらわす湖であった。その湖のまんなかに立つ、ギンネムとクロトンを主に構成された直径五メートルほどの円形をなす『エナジー』は、水によって誕生し成長する、ありとある生命のエネルギーを表現したオブジェである。最終日の海岸には人びとが歩き、秋晴れの風に水色のリボンがはためき、その日の午後にやっと完成した『エナジー』の影が砂の中の湖にゆったりと映った。

大城譲『エナジー』

水の芸術の可能性

浅野　春男（沖縄県立芸術大学教授）

水の誘惑。ここでは「水」の精に身をゆだねて、西洋と東洋とを問わず、また音楽・文学・美術という領域を隔てる不可視の境界をすり抜けながら「水の芸術」とでも呼ぶべきものについては考えてみたい。[*1]

はじめに二人の音楽家の作品を聴いていただこう。[*2] 十九世紀の音楽家ラベルの『水のたわむれ』とドビュッシーの『水の反映』とを比較するならば、ラベルの方は非常に描写的で華やかな音楽であり、印象派の画家に喩えるならばモネが描写したような水の戯れのイメージがある。ドビュッシーには、水面から水の中にまで覗き込んでいくような内面化されたイメージがある。音をつかって水を重みのある物体として把握するような感覚があり、印象派のなかでいえばセザンヌに比せられるかもしれない。けれども、いま聴いたドビュッシーの楽曲の最後のところはロマン派的な重苦しいイメージに展開していく。水をこのようにかなり描写的に、音楽で表現するようなったのは、この二人とも十九世紀の作曲家であることが端的に示しているように、割合と新しいことではないだろうか。しかし、水を芸術的に表現することは西洋においても、日本や東洋においても、古くから行われてきた。だが、西洋における水の表現と東洋や日本における水の表現ではかなりその様相を異にする。西洋において、典型的な水の表現には擬人化という方法があった。たとえば、水の精ナイヤードというものがギリシャ・ローマ神話に登場する。十五、六世紀のチューザレ・リーパの図像集のなかにも水の擬人像が登場する。西洋には、擬人化あるいは、人間の立場から水を見るというかたちで水を表現する歴史があった。これに対して、東洋においては風景画ないし山水画のなかに古くから水の表現が登場する。東洋、特に中国においてすでに四～五世紀頃から山水画が存在していたとおぼしい。四世紀の作例は残っていないようだが、画論が存在する。[*3] 現存する山水画としては十一、十二世紀頃の作例がある。日本や東洋において、山水として自然の姿を表現することが古代から連綿として続いている。西洋において水が擬人化して捉えられているのに対し、東洋では古くから山水画の中に水そのものが登場する。東洋における山水画、風景画の水に匹敵する具体的な水の表現は西洋においていつ頃から登場するのだろうか。古代エジプトのモザイク画にも水の表現はあるのだから、必ずしも東洋における水の表現の方が古いとは言えないかもしれない。しかし、「水」の直接的表現が好まれるようになるのは、やはり写実表現を追及したルネサンスの時代からであろう。ルネサンス絵画の背景に風景が登場する。イタリア・ルネサンスの芸術家たちが東洋の山水画・風景画の作例に接し、そこからインスピレーションを受けて西洋絵画の背景に風景が緻密に表現されるようになっていたとする説があるくらいだ。もしも一般的に言われているように、西洋絵画の背景に風景描写が現れるのが一五世紀頃からだとすれば、西洋人が頻繁に風景を描き出すのと東洋人が好んで風景を描き出すのとを比較した場合、そこには十世紀ぐらいの差がありそうだ。自然に対する見方の違い、あるいは「水」に対する感受性の違いには東洋と西洋で非常に大きなものがある。西洋の水浴図は十八世紀頃に盛んにヨーロッパで描かれるわけだが、時に官能的な場面に水そのもの、あるいは擬人化された「水」の表現が登場する。ところが、東洋の山水画を考えてみると、西洋のようなエロティックな性格がほとんどないように思われる。むしろ、東洋人が「水」を考える場合、あるいは山水画のなかで「水」を考える場合、隠者ないし賢者などが現世を捨てて奥深い山の中に隠遁し、自然の懐に抱かれて崇高な宗教的な観念に浸るというようなところに水が登場する。深遠な哲学的な世界のなかに水の住処がある。そのように考えてみると、西洋人が表現してきた水の世界と東洋人が表現してきた水の世界とは大きく異なっているのではないだろうか。この見解はあまりにも単純化し過ぎた見方であるかもしれないが、一考する価値があると思う。

次に、沖縄に住んでいる私たちが、生活している環境を考えて、そこから芸術表現を発想していく場合に、「水」に対してどういう見方あるいは態度が可能なのかということを考えてみたい。

沖縄は日本本土と違い、古くからの井戸、涌き水が多く残っている地域である。東京などはこれらの井戸や涌き水はほとんど潰されてしまい、全く新しい水道の完備された都会に変貌している。沖縄南部の受水走水は稲作発祥の地と呼ばれ、玉城村は豊かな水の里とされるわけだが、こうした豊かな水源にたいする敬愛の念が沖縄には残っている。それらを潰していって近代化していけば良いのだという発想に、私は強い疑問を感ずる。地域の涌き水や井戸というものを尊重しているところから新しい芸術的な発想が生まれないだろうか。

話はここで飛躍するが、マルセル・デュシャンは一九一七年にニューヨークのアンデパンダン展に便器を出品した。アンデパンダン展は無審査であり誰でも作品を出品できるが、デュシャンのこの作品は展示を許可されなかった。そこから様々な問題が発生して論じられていくように、いわゆるコンセプチュアル・アートがデュシャンから始まるといっても過言ではない。デュシャンは便器に『泉』というタイトルを付けたが、様々な意味の重なり合いがある。デュシャン一流の皮肉とか駄洒落のようなものがあるかもしれない。便器も水を使う道具だが、これを美的な水盤とは思えない。デュシャン一流の反芸術の行為がここで展開されたわけだが、彼がここで『泉』というタイトルにこだわったのはなぜだろうか。私なら『泉』というタイトルから想像するのはアングルだ。デュシャンがアングルの作品を皮肉って、便器に「ファウンテン」というタイトルをつけたと解釈できるかどうか疑問だが、『泉』というタイトルから我々がイメージする非常に美しいギリシャ・ローマ神話的な世界と、デユシャンが展覧会場に置こうとした便器の間には大きな隔たりがある。そこにデュシャンの狙った効果があった。ここで、水を表現した油彩画としてアングルの作品が想起される。また、十六世紀のジャン・グージョンという彫刻家が制作した水のニンフたちの浮き彫り彫刻が、アングルの作品の発想源の一つであったかもしれない。ジャン・グージョンの浮き彫りに登場するのは水のニンフたちだ。

「水」を水浴画のモティーフとして考えていくと、西洋絵画の中に水浴画が無数に登場している。ブーシェの『ディアーヌ』、フラゴナールの『水浴の女性たち』など水に戯れる女性たちが官能的に表現されており、その背後には神話的世界観がある。ギリシャ・ローマの神話の世界では水に関連した女性像が登場する。そうした擬人的な像のなかでたいへん特徴的なのはサルマキスである。[*4] 水の精サルマキスと美少年ヘルマフロディートスが泉のなかで合体する場面において、水は重要な役割を果たしている。両性具有者としてのヘルマフロディートスの誕生を可能にしたのが泉であった。古代ギリシャのヘレニズム彫刻の中にあるヘルマフロディートスの像など、水に関連した擬人像は多数ある。西洋においては擬人的な表現が古くから行われていた。チェーザレ・リーパの『イコロノギア』にも水の擬人像が登場する。例えば、リューベンスのマリー・ド・メディシスの生涯を描いた連作の一場面にも、擬人像としての水のニンフがあらわされている。マリー・ド・メディシスの誕生の場面の作品には河の神が男性の擬人像として表現されている。リーパの図像集で水の精が女性像として表現されているのに対して、河の神は男性像として登場している。西洋では水の様々な性格が擬人的に表現された。水は人間に様々な災害をもたらす脅威でもあった。水の邪悪な面が擬人化されたものとして、例えば、カラヴァッジオの描いた『メドゥーサ』や、古代のシラキューズの神殿図に作られた浮き彫り彫刻の『メドゥーサ』などがあげられる。海の脅威を擬人的に怪物として表現したものである。しかし、ここで忘れてならないのは、キリスト教の世界において洗礼の場面として神聖な水が登場していることだろう。私はキリスト教に暗く、洗礼の中における「水」の意義をきちんと語ることはできないが、ギリシャ・ローマ神話のなかで悪魔的な邪悪な水の姿がメドゥーサのような怪物として表現されているとするならば、水の霊的で神聖な姿はキリスト教の世界の中では洗礼の場面に表現されていると言っていい。

以上が、西洋絵画に表現された水の様々な姿であるが、前述したように「水」は主に擬人化されて捉えられている。東洋人や日本人が素直に考えるように自然の風景を描写するということが西洋においては稀であった。きわめて早い例として、レオナルド・ダ・ヴィンチの『モナリザ』の特徴のひとつと言える背景の描写がある。非常に奥深い幽玄な自然の描写だ。観察や実験を重んじたレオナルドが実際に北イタリアの自然を描写したとみることもできる。しかし、レオナルドの自然描写のなかには東洋の山水画からの影響があるとする説もある。『聖アンナと聖母子』の背景にも、モナリザと同様に幽玄な自然の描写が登場する。このように西洋絵画の背景に風景画が登場するのは一五世紀くらいになってからである。これ以前に風景を描こうとする意欲は西洋人にはなかったのだろうか。この事実に私たちは驚かざるを得ない。日本や東洋の我々が捉える自然観、あるいは水への想いというものは、西洋的な捉え方と随分違っている。例えば、レオナルドの同時代に活躍した日本の画家に、雪舟がいる。[*5]中国において山水画は古代からの伝統であり、雪舟が中国で学んだものがまさに雄大な山水画であった。

東洋人が山水画に対してどのような考え方をしていたのか考えてみたい。十一世紀の中国の山水画家・郭熙には『林泉高致』という画論がある。[*6]そのなかには同じ山水であっても、季節によって、時間によって、様々な姿をみせるという思惟が記されている。山は生きているというアニミズム的な捉え方である。生きている山に流れている水は人間の人体を流れる血脈のようなものであると郭熙は捉えていたと思われる。草や木は人間の身体における毛髪のようなものであるという自然観が語られている。こうしたなかに東洋の水墨画の精神が表れているのではないだろうか。中国の水墨画に学んだ日本の画家が雪舟である。郭熙が述べたような考え方に雪舟も共感したはずだ。日本や東洋の水墨画においては大自然を表現することが非常に重要なことであり、大自然の二つの極に山と水がある。大自然は極言すれば、山と水からできている。その世界の中にある人間はほんの小さな存在でしかない。雪舟の山水図のなかには人間が登場するが、自然の世界のなかの米粒のような存在として人間が表現されている。大自然の中の人間の存在は小さな存在でしかないという思想がそこにある。また、雪舟の山水画『山水長巻』などは非連続的場面の展開であり、非常に斬新な雪舟独特の技法である。ところで、セザンヌのビベミュスの石切り場をモティーフにした風景画でも幾何学的な形を画面に採り入れることによって人工的な世界と自然の世界を見事に対比させたダイナミックな構図を作り出している。そう考えるならば、雪舟の構図とセザンヌの構図には何か共通するものがある。

セザンヌを含む印象派の絵画について考えた場合、彼らが好んで水を描いた芸術家たちであったことは指摘されていい。日本人が印象派の画家たちに親しみをもって接することができる理由は幾つか挙げられるが、その中の一つは印象派の人々が、ラベルやドビュッシーの曲にある水の戯れや反映と共通する世界を好んで描いたからこそであろう。そのとき水は生命を支える。だが、たとえば晩年のニコラ・プッサンは四季図の中の冬の場面を描いているけれども、それは単なる冬の場面ではなく、キリスト教的な世界観に基づく終末思想の場面なのである。大洪水によって人々が水に飲まれて死んでいく場面が描かれている。[*7]

デュシャンは便器に『泉』というタイトルをつけたが、彼が最後まで制作を秘密にしていた作品がある。十年以上かけて作られた遺作『滝とガス灯が与えられたとせよ』は絵に描かれたものではなく、実物のようにみえるだまし絵的な立体表現である。死んだ女性のような人体は石膏像で作られて、豚の皮によって覆われている。この作品に登場するのは「ラ・シユット・ドー」つまり水である滝が登場する。デュシャンは老練なコンセプチュアル・アーティストであるからその解釈にはたくさんの可能性があり、その中でも遺作の解釈は最も難しい。一般的にデュシャンのこの遺作は前作である『大ガラス』とパラレルの作品であると言われている。フランスの批評家ジャン・クレールは遺作のなかに登場する女性を首の切断された女性だと考えている。[*8] 首を切断された女性は水の怪物であるメドューサに他ならない。このようにデュシャンの遺作について様々な解釈の可能性があるとすれば、『滝とガス灯が与えられたとせよ』というタイトルにある二つのものは、素直にみて人工と自然の対比ではないだろうか。デュシャンは人間が作り出したガス灯と滝を対立させている。自然の世界と人間の世界の対比を軸にしてこの作品は構成された。かつてデュシャンが便器に『泉』というタイトルをつけ、彼が遺作において滝のイメージにこだわったということの意味、そのことが何事かを私たちに示唆していると思われる。[*9]

以上、水をめぐる西洋と東洋の古代、そして近・現代のイメージを廻ってみたのだが、ふたたび沖縄に戻って考えてみたい。

垣花樋川が示すイメージとデュシャンが遺作で創出した滝のイメージを結びつけることには無謀のそしりを免れえまいが、しかし、私はここでデュシャンが西洋文明を批判して人間の生命の故郷として求めていった「水」の世界とは、永遠の相に於いて考えるとき、垣花樋川だったのではないのだろうかと夢想する。

垣花樋川

では、現代の作家たちは水というものをどのように彼らの造形表現の中に生かしているのだろうか。最もわかりやすい例として、抽象の彫刻家ブランクーシが一九二二年に制作した『魚』をあげてみる。私たちが感銘をうけるのはなぜかというと、ブランクーシの発想したイメージには、古代から現代まで一貫して流れているような地水火風の観念があるからだと思われる。ジュゼッペ・ペノーネのインスタレーションは水とは直接結びつかないが、人間が失ってしまった自然の世界を取り戻そうとするイメージにおいては見事な作品である。ペノーネは自然界にある石とそれをもとに人工の石を作り出し共に展示した。ペノーネの作品は、自然の造形を人間が模倣する一種のコンセプチュアル・アートである。彼の作品に『エッセーレ・フィウメ』つまり「川であること」ないし「川になる」という意味のものがあるように、そこには石と川の親和性、ないし人間や石、川を同じレヴェルの存在として捉えようとする態度が示されている。日本の鵜飼美紀のインスタレーションには、コップに水を入れてこの場の開放感を表現したものがあるが、私には本来あるべき人間と自然との関わりが分断されている現代の私たちの生活環境に対する一つのアンチテーゼの作品のように思われる。舟越桂の作品『水をすくう手』には手の表現はなく体しか表現されていないが、タイトルを知ることによって水をすくう手を表現したものだとわかる。野村仁の作品『三五億年の営み』では人間の生命の故郷である水の世界が作者の表現の母体を作っているということができる。水をめぐる様々な表現の諸相をみていくと、実は私たちが普段意識している以上に人間と水との関わりは深いことに気付く。また、西洋的な水の捉え方、東洋的な水の捉え方の違いがある程度みえてきたのではないだろうか。おそらく私たちが生きている現在の世界は、古代的な人間と自然との調和が失われつつある一種の危機的状態であり、これをなんとかする必要があることを一般の人間も感じており、芸術家たちはもっと強く感じていて、そのことを彼らは自身の作品のなかに表現しているように思われる。

※1 本稿は、二〇〇三年七月三〇日に沖縄県立芸術大学で開かれた「水の沖縄プロジェクト第十八回研究会」での口頭発表に基づいて加筆したものである。

※2 口頭発表のときにはCDを聴いていただいた。青柳いづみこ『水の音楽』みすず書房、二〇〇一年を参照。

※3 張彦遠撰『歴代名画記』長廣敏雄訳注、東洋文庫。本書（上）には宗炳（三七五〜四四三）の画論『山水画序』からの引用がある（一六〜一八頁）。青木茂『自然をうつす』岩波書店、一九九六年。

※4 *Ovide, Les metamorphoses d'Ovide, en latin et en françios*, 1748, vol. 2, p. 25-30.

※5 展覧会カタログ『雪舟』東京国立博物館、二〇〇二年。

※6 郭熙の『林泉高致』には「春山は澹冶にして笑う如く、夏山は蒼翠にして滴る如く、秋山は明浄にして装う如く、冬山は惨淡にして睡る如し」とある。今関寿麿『東洋畫論集成（上）』讀畫書院、大正四年、四六頁。

※7 Jacques Thuillier, *Tout l'œuvre peint* de Poussin, Flammarion, 1974.

※8 Jean Clair, *Méduse*, Gallimard, 1989.

※9 Arturo Schwarz, *The Complete Works of Marcel Duchamp*, 2 vols., Delano Greenidge Editions, New York, 1997.

第3部

水の科学と自然環境

科学者のみた水（命の源）

安里　英治（琉球大学理学部　海洋自然科学科）

私は大学で化学を教えている一人の化学者です。学生時代から今日まで扱った化学物質は、おそらく数百種類いや千種類にも達するかも知れません。しかし、毎日いろいろな化学物質を扱う我々化学者から見ると、水は極めて特殊な液体であると言わざるを得ません。あまりにも普通で、そしてありふれた物質に対して「特殊」という表現を使う事に、皆さんはとまどいを感じるかもしれませんが、真面目に考えれば考えるほど、科学的に解釈しようとすればするほど、私の中でその思いは強くなっていきます。

水がなければ私達は生きていく事はできません。人間にとって大切な水は、この世の全ての生物にとってなくてはならない必須の化学物質です。しかし、なぜ「水」でなければいけないのでしょうか？　もし、地球上に水にかわる「特殊な液体」があったとしたら、生物は存在することができたのでしょうか？　ここでは「水のあたりまえ」を真面目に考えてみましょう。その特殊性が理解できたとき、私達はそれに出会えた幸運と、そのすばらしさを心から実感できるでしょう。

溶かす力は偉大なり

中学の理科の実験を思い出して下さい。水酸化ナトリウム水溶液と塩酸（塩化水素ガスが水に溶けた水溶液）とを混ぜると、中和反応が起きて酸性でもなくアルカリ性でもない中性の水溶液になりますが、その水溶液を濃縮すると純粋な塩化ナトリウムの結晶が析出してきます。この塩化ナトリウムは私達が毎日の食事で口にする食塩と同じ物質です。海水を濃縮して得られる食塩には海水中のミネラルが少量含まれますが、まあ同じ物質と考えて良く、実際に料理に使っても全く害を及ぼすものではありません。この実験は中学で中和反応を理解する時に必ず出てくる例なのですが、視点を変えると水という液体を利用した食塩の合成実験と捉える事もできます。大学や企業等の研究所で行なわれる合成実験においても、通常は水のような適当な液体が必要で、その液体に溶かした二種類以上の化学物質を反応させて元の化学物質とは異なる物質に変換しているのです。実は生命現象そのものも、「溶かす」という水の化学的性質が深く関わっているのです。

今から遡る事三八億年前、地球という惑星が誕生して八億年経過した当時、地球にはすでに原始的な海が存在していました。つまり地球という巨大なフラスコに、化学反応には欠かせない液体としての海水がなみなみと満たされていたわけです。そこは巨大な化学実験室そのもので、海水中には地上から溶け出した豊富なミネラルの他にも、海洋の誕生以来長い年月を経て偶然いや必然の化学反応によって生じたアミノ酸等も豊富に溶けていました。神の意志に関係なく、条件が整えば合成実験は開始されます。実験室では様々な化学反応が起きていたに違いありません。その化学反応の幾つかが組み合わさり奇跡的な確率の下、人間を含む地球上の全ての祖先と言われるたった1個の原始的生物が誕生しました。合成実験に必要な条件の一つとしての液体、つまり水があったからこそ複雑な有機組織体が合成され、生命は誕生したのです。

生物は海水中でも、そして陸に上がってからも細胞中に水を貯え、そこを実験室として、タンパク質・アミノ酸・ミネラル・DNA・RNAなどを主役として様々な反応実験を繰り返し、三八億年という気の遠くなる長い年月を経て進化を重ね、現在もっとも進化を遂げた生物としての人類を誕生させたとされています。生命誕生に必要な条件、それはいろいろな物質を溶かす液体の存在、つまり「水」だったのです。

水と氷と水蒸気

最近のニュースでも話題になりましたが、アメリカ航空宇宙局（NASA）は地球以外の惑星にも生命が存在するのか（またはかつて生命が存在していたのか）、それを突き止めるべく国の威信をかけてプロジェクトに取り組んでいます。果てしなく遠い宇宙へ、莫大な費用をかけて開発された探査機を送り込む。当然、文字どおり星の数程ある惑星の中からその候補となるターゲットを絞り込まなければいけません。事前調査のカギは、かつてその惑星に水が存在していたのか（またはかつてそこに水があったか）という事実なのです。ですから生命（またはその痕跡）を探る探査活動は、水もしくは氷の存在をつきとめる作業から始まるのです。

現在のところ、太陽系では地球以外に水が存在する惑星は見つかっていません。火星には地下に大量の氷がある事が分かっていて、地表から採取された鉱物の分析や火星表面の地形の解析から、かつて長期に渡って水が豊富に存在していたものと考えられています。しかし、残念ながら生物が存在していた決定的証拠はまだ見つかっていません。科学的な根拠に基づくと、地球外生命の存在していた（もしくは存在する）もっとも確立の高い惑星が火星だと言われているのは、大量の氷と過去における液体としての水の存在が決め手になっているのです。では何故地球にだけ水が存在するのでしょうか？

私達は水が〇度Cで氷になり、そして一〇〇度Cで水蒸気になることを知っています。しかし、厳密に言えば、水の凍る温度（水の融点）や沸騰する温度（水の沸点）は、地球上のどこの場所でも常に一定であるわけではなく、例えば富士山の山頂でお湯を沸かせば八八度

Cで沸騰します。この水の状態変化（氷↔水↔水蒸気）は、圧力つまり大気圧と密接に関係していて、気圧の低い山頂で沸点が低いのはそれが理由です（富士山頂は0・65気圧）。
地球の大気は、太陽系創世期の惑星衝突の産物と言われています。衝突の際、惑星に含まれていた水と炭酸ガスが蒸発して大気となり、やがて地表の温度がさがるにつれ大気中の水蒸気が雨となって地上に降り注ぎ、原始の海が誕生したのです。実は、この過程は地球以外の太陽系惑星でも当然起きていたはずですが、何故、地球にだけ水が存在するのでしょうか？

惑星に水が存在するかどうかは、その惑星表面の温度と圧力が大きく関係している事はもうお分かりでしょう。この二つの要素の加えて、もう一つ、重力の問題があります。地表面が高温になる惑星では水は水蒸気として存在する可能性が考えられますが、重力が弱いと水はその惑星の重力圏内にとどまる事ができず、宇宙空間へと拡散して行ってしまいます。仮に表面温度が低く、重力も充分に大きな惑星であったとしても、H^2Oは「氷」としては存在できるものの、液体としては振る舞えないのです。一日二四時間、一年三六五日、そして四〇億年以上にも渡って、常に液体としてのH^2O（＝水）を貯え続ける事ができたのは地球だけであり、地球表面の物理的条件（温度、大気圧、重力）がその条件を満たしていたからにほかならないのです。

水の特殊性

水は様々な物質を分解する事なく溶かすことができる特殊な性質をもっています。「分解する事なく」というのがポイントです。塩や砂糖に代表される調味料が水に溶けることは経験上皆が知っています。水の特殊な溶解力は、生命活動そのものにおいても威力を発揮します。各種栄養素は血液の主成分である水に溶けて細胞まで届けられるし、細胞の中では各種酵素が水に溶け、まるでフラスコの中の化学実験よろしく物質変換や代謝反応といった生命活動に欠かせない化学反応が進行します。水以外の液体ではアルコールや油などが我々の身近な液体ですが、これら液体の物質を溶かす能力はある特定の物質だけに限られており、様々な物質を溶かすと言う能力においては水の比ではありません。

有名なＳＦホラー映画「エイリアン」では、エイリアンの血液が硫酸のような強力な酸でできていて、その宇宙人（宇宙怪獣？）の血液が宇宙船内の床を溶かすシーンが出てきます。しかし、これは科学的に考えると無理なストーリー設定です。確かに強酸はいろいろな物質を（金属さえも）溶かしますが、この場合の「溶かす」は水の場合の「溶かす」とは本質的に異なる現象です。強酸は強力な酸の作用により物質を分解し、本来水の中では安定な分子やタンパク質でさえズタズタに破壊する事がその現象の本質であり、「分解する事なく溶かす」という水の溶解現象とは全く異なるのです。細胞やタンパク質、酵素までも破壊してしまう液体が血液では、生物学上いろいろな不都合が生じてしまいます。

水の化学構造と溶解力

何故、水はいろいろな物質を溶解する特種能力を発揮するのでしょうか？　それは水分子（H^2O）の化学構造に関係しています。図に示す通り、H^2O分子は2個の水素原子と酸素原子一個から成り立っていますが、最大の特徴はH-O-Hの角度が約一〇五度折れ曲がり、直線構造からずれている点にあります。全ての原子は＋電荷をもった原子核の周りを－電荷を持った電子によって取り囲まれていますが、原子核が電子を引きつける強さは原子の種類によって異なっています。酸素原子と水素原子が電子を引きつける強さは酸素原子の方が強いため、折れ曲がり構造をしているH^2O分子では酸素側へ電子が幾分引き寄せられ、中性の分子でありながら酸素原子が弱い－電荷（$2\delta^-$）を帯び、水素が＋電荷（δ^+）を帯びる結果となります。分子内でのこのような電荷の偏りを極性と呼んでいますが、水分子が極性を持つ事がこの液体の発揮する特種能力（＝溶解力）の原動力になっているのです。

塩化ナトリウム（NaCl：食塩の主成分）が水に溶ける仕組みを簡単に説明しましょう。塩化ナトリウムの結晶はナトリウムイオン（Na^+）と塩化物イオン（Cl^-）が規則正しく交互に結合しあったものです。この結合はちょうど磁石のN極とS極が引き合うような関係（磁

水分子の化学構造

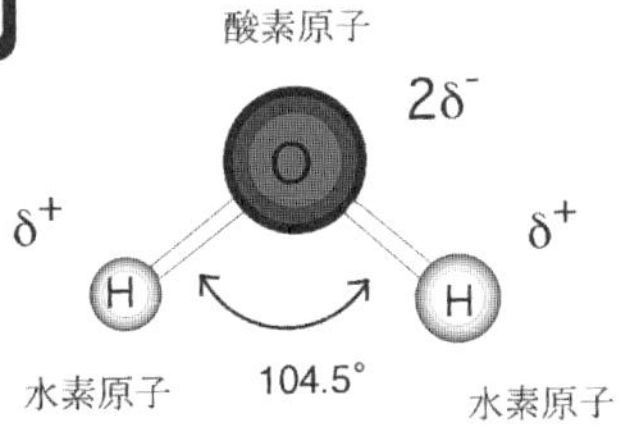

電子を引き付ける力は　酸素が強く、水素は弱い
水分子内で電子の偏りを生じる（極性）

塩が水に溶ける原理

ナトリウムイオン（Na^+）と塩化物イオン（Cl^-）が規則正しく交互に配置している

塩（塩化ナトリウム）の結晶

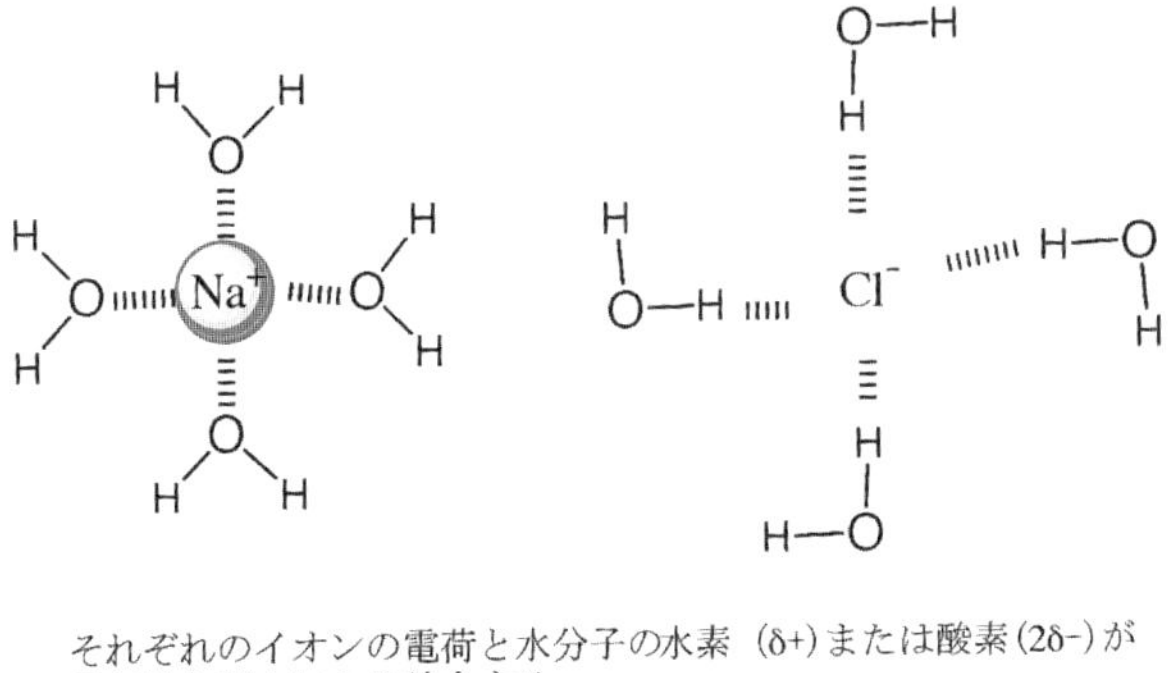

それぞれのイオンの電荷と水分子の水素（δ+）または酸素（2δ−）が電気的な引力により結合する

気的な引力）に例えられ、＋と－の静電的な引力と考えればわかりやすいでしょう。この塩化ナトリウムを水に入れると水分子の極性が威力を発揮します。Na^{+}の周りに水分子の酸素（$2\delta^{-}$を帯びている）が集まり、同様にCl^{-}の周りに水分子の水素（δ^{+}を帯びている）が集まります。その結果、もとのNaClの結合を切断し、水に取り囲まれたNa^{+}とCl^{-}とに完全に引き離してしまうのです。これが塩化ナトリウムが水に溶ける物理現象の本質なのです。

物質を構成する最小の粒子は分子またはイオンです。水の場合と同様に、多くの分子も極性を持つため、水分子の極性の影響を受け電気的な引力が働く結果、周りを水分子に取り囲まれて最終的にはバラバラの分子単位まで離ればなれになってしまうのです。これが水の持つ特種能力の実体です。

極性を持つ分子が液体であれば水のようにいろいろな物質を溶解するであろうと予想できます。実際にその通りですが、地球の環境（圧力、温度）で常に安定な液体として存在できる極性分子というと限られてきます。身近にある液体の例としてアルコールについてはどうでしょう。アルコールも水ほどではないにしろ多くの物質を溶解します。しかし、アルコールは揮発性が高いため蒸発しやすく、さらに水に比べると化学的安定性が低い液体です。空気酸化を受け、アセトアルデヒドを経て最終的に酢酸（お酢の酸味の成分）にまで酸化されてしまいます。生物が長い時間をかけて進化を続けてきた事を考えると、アルコールの不安定さは「生物進化のための化学実験用の液体」として致命的と言えるでしょう。

汚れを洗い落とす

毎日の食事。いただく時は幸せな気持ちで気分も良いのですが、面倒なのはその後の洗い物です。食器の汚れを落とす基本は水洗いです。汚れが完全に水に溶けてくれれば問題ありません。しかし油は水に溶けないため、油汚れを落とすためには洗剤の力を借ります。洗剤は水に良く溶けますが、同時に油を包み込む性質があるため、その性質を利用して洗剤に包み込まれた油を水で洗い流すのです。衣類の汚れを落とす洗濯についてはもっと作業は面倒です。素材によっては水が使えない衣類もあるので、その場合は水以外の特殊な液体を使うことになるのですが、「汚れを溶かす」と言う点において原理は同じです。

生きている生物は、外界から摂取した食物を身体の中で様々な物質へと変換する機能を持っています（代謝といいます）。この化学反応は細胞中で進行し、身体を構成する基本物質へと再変換したり、その反応時に生じる熱エネルギーを生命活動に利用したりするのが目的ですが、その際、無用の副産物も同時に合成されてしまいます。このような化学反応は体のいたるところで（細胞中で）起きているわけですから、汚れ物を放置しておくと体内の汚染は進行し、やがて健康に深刻な問題を引き起こすはずです。食器洗いや洗濯なら洗剤や特種な液体が利用できますが、細胞中ではこれらは有毒な物質であるため使う事はできません。

生物の体の中の汚れはどのようにして洗い流すのでしょうか？

答えは簡単です。生物はこの厄介物を力技で水に溶ける物質に変換してしまうのです。実際には酵素の働きを借りるのですが、副産物としての汚れのうち、水に溶けない成分を再処理して水溶性の成分に構造を変え、尿と一緒に体外へと排泄させる仕組みがあるわけです。この酵素は肝臓のような解毒をつかさどる臓器に多く存在し、食物中に含まれる不溶性の有毒物質さえも水溶性の物質に変換してくれる優れものです。体内で洗剤や特殊な有機溶剤が使えない生物は、「いらないものは水に流してしまえ」の精神で、徹底的に水を有効利用できるよう特殊な酵素を発達させたことになります。生物の「水の徹底利用」の例をもう一つだけ紹介しましょう。

究極の水のリサイクル

生物にとって水と同じくらい大切な物質は、呼吸に必要な酸素でしょうか？　いや、違います。生物の中には酸素を使わないで呼吸をする嫌気性細菌と呼ばれるものが存在します。呼吸とは、生物学的には「有機物を燃焼させてエネルギーを得るプロセス」と定義できますが、嫌気性細菌は硫化水素ガスや硝酸イオン等を酸化剤として有機物を燃焼させ、それでエネルギーを産生しているのです。

生命が誕生した三八億年前の地球の大気環境は現在と大きく異なり、大気中の酸素はごくわずかでした。嫌気的呼吸に頼って生きていた原子生物が酸素呼吸（好気的呼吸）能力を獲得したのは、ラン藻類が光合成機能を獲得した二〇億～二五億年前と考えられています。その後、地球上の酸素濃度は上昇を続け、よりエネルギー生産効率の高い酸素呼吸能力を獲得できた結果、生物はより複雑な生体メカニズムを構築する事に成功し、進化のスピードを一段と加速して我々人類を誕生させたのです。

実は光合成の主役も水です。光合成はガス交換の立場から見ると、二酸化炭素と酸素との交換反応です。しかし酸素は二酸化炭素から合成されているのではなく、葉緑体中に存在する特別な酵素が水を酸化して作られるのです。つまり我々が呼吸に必要とする酸素も、実は水が原料なのです。

酸素呼吸により有機物が完全に燃焼すると、二酸化炭素と水に変化します。水は植物や藻類のもつ光合成機能により再び酸素に変換される。水と酸素を行き来するこのサイクルは、一〇億年以上も繰り返されてきたことになります。なんという水の徹底利用でしょう！　まさに究極のリサイクルです。

最後に一言。私の専門は無機合成化学と呼ばれる分野です。まあ簡単に言うと、まだ誰も知らない未知の物質（つまり地球上には存在しない物質）を人工的に合成する事が私の研究テーマで、毎日いろいろな化学物質をフラスコの中で反応させ、悪戦苦闘する日々を送っています。化学の世界では、化学合成に使う液体は水だけとは限りません。しかし、地球は「水」という特殊な液体を手にいれたことで、壮大な生命誕生・生物進化のドラマを展開してきたのです。

水は、あらゆる生物にとって徹底的に有効利用できる万能の液体ともいえます。三八億年分の感謝の気持ちを込めて、大切に使わなければいけませんね。

命よみがえる川づくり

寺田　麗子（沖縄玉水ネットワーク副代表）

はじめに、近自然河川工法を紹介したい。この工法は、スイスとドイツでほぼ同時期にスタートした川の作り方で、日本では「多自然型川づくり」ともいう。近年、多くの人々がものの豊かさより、心の豊かさを求めるようになり、自分たちの周りの環境においても豊かな自然や美しい景観、安らぎや潤いのある生活空間を取り戻し、次の世代へ受け継ぎたいという願いが強まってきた。「川づくり」においても、従来の治水、利水機能ばかりを重視し、一様にコンクリート張りの直線の川づくりを進めてきた為、生物が排除され、潤いのない水辺となっていった。そこで、コンクリートをはがし、元の美しい景観と生き物が住む、緑豊かな川らしい川にしようということで始められた工法である。

近自然の川づくりは、その地域の川ごとに違い、どの川もその地域の自然がもつ個性を尊重する。川を取り巻く植物や生物も様々で、基本はそこへもとあった在来種を復元させることにある。画一的な川は排水路でしかない。現在、スイス、チューリッヒ州やドイツ、バイエルン州などでは河川改修は「近自然工法」で行うことが義務づけられている。

スイスを訪ねて

ではスイス、チューリッヒ州のネッフバッハ川について考えてみたい。ここで目標としたのが、生態系の復活である。

スイス、チューリッヒ州の農村地帯を流れるこの川は一直線で単調な川だったが、改修後はゆったりと蛇行を繰り広げる川となった。川底に大きな石を配し、瀬や淵を作り、流れに変化をもたせると、水の流れの速いところには砂利、緩くなったところには砂が堆積、川の自浄作用が高まり、水質がよくなっていく。小石は魚の産卵場所になる。流れが多様になると水草の種類が増えて、微生物から昆虫、魚へと生態系が自然に復活してくる。川岸は侵食されやすい場所を石で補強し、その他は土と緑のソフトな素材を使う。植物はその地域の在来種を植え、必要以上に人間が手を加えない。その結果、川は本来の姿を取り戻し、マスの生息数が十年後には、五倍に増えたと報告されている。

スイスのアウトバーンの遊水地、ヴィステー池（ビオトープ）の場合はどうだろうか。高速道路アウトバーンのほとりに新設されたこの池は、洪水調整地として作られた人工池である。アウトバーンから流れ込む雨水はオイル分離機に導入され、一定の量を超えると上澄みがこの池に流れてくる。この池は、「ビオトープ」（生物のための生息空間）をベースにして作った。池の周りには麻をかぶせて土留めし、底には砂利を入れて自然の池と同じ仕組みにした。大きな木を幾つか植え、あとは自然の蘇生力にまかせた結果、水生生物や鳥がいつのまにか復活し、今では自然保護区に指定されるほど豊かな空間へと変わった。人工の池とはいえ、生態系への配慮があれば、自然の復元は予想以上にうまくいくことをこの池は教えてくれている。

チューリッヒ州のトゥール川も大変興味深い。この川は水量が豊富で「あばれ川」の異名をとるほど多くの水害を出してきた。ここでは大きな石を投入して「水制」を作っている。川はこの地点で一八〇度に曲がり、カーブの外側はこれまでコンクリート擁壁によって守られていたが、表面が平らなコンクリート擁壁周辺では流れが速く、魚にとって好ましい環境とはいえなかった。このため、コンクリートを取り払い、およそ一トン前後の自然石を投入して「水制」がつくられた。「水制」は、水の流れの勢いを川の中央へ押しやり、川岸が削られない役割を持つ。水制と水制の間は流れが緩くなるので砂利や砂が堆積し、トンボなどの昆虫や魚の生息空間（ビオトープ）が出来た。護岸もコンクリートをはがし、柳などを植えると、根が深く張り、石や土を抱き崩れにくくなる。川から陸への生態系の連続はそのまま流域全体へ繋がっていく。

こんどはマルターレン村の二つの川について考えてみよう。景観を守るとはどういうことなのか。スイス、チューリッヒ州のマルターレン村は人口千五百人のワインの産地である。

この村には二本の小川が流れ込み、村の端で合流しているが、たびたび洪水が起きた為、川の改修計画がもち上がった。当初の案はコンクリートの排水路でしかなく、景観を大事にする住民の反対で拒否された。その後行政と住民の話し合いが何度も行なわれ、洪水対策の放水路を別に通すことで、村の小川は「近自然工法」による再改修をすることになった。

アリストヴッハ川の場合。マルターレン村にはスイスの伝統的な建物が多く残されており、条例により外装の変更は厳しく規制されている。文化財保存対象となっている住宅に面した川岸はコンクリートで補強した上に空石積みの護岸を作り、景観と調和させている。水際には魚のための巣穴を設けマスが住めるようにした。小川のせせらぎは村の風景にしっとりとした風情を醸し出している。

レーダーヴッハ川の場合。この川は村の人たちが大切にしている噴水のある広場を流れているが、氾濫を繰り返したため、川を広げる計画があった。しかし、広場は村の人たちの心のよりどころともいえる場所で景観を変えたくないという強い声があり、このため洪水用のバイパスを広場の下に通すことにした。マルターレン村の住民のふるさとの景観への愛着は「ふるさとは、風景と共に守らなければ、そこに住む人にとっても、帰ってくる人にとっても価値がない。ふるさとの景観というものは、今、住んでいる自分達だけのものでもない。先祖から受け継ぎ、それを子孫に引き継いでいく財産である。だから、それを守る義務がある。」という大きなコンセプトになり、見事に水処理を成し遂げ、水環境を守ることになった。

沖縄での川づくり

では、次に私たちのふるさとである沖縄の場合を考えてみよう。忘れがたいのはリュウキュウアユの戻った源河川だ。

源河川は長さ十二・八キロメートル、かつては水量が豊かでその清らかさは「源河川や潮か湯か水か／源河みやらびぬうすでどころ」（源河川は潮か湯か、それとも水か、乙女たちが水浴びして美しく生まれ変わるところだ）と琉歌にも詠まれた。

ところが、一九七二年の本土復帰以降、山原では道路建設、港湾や河川の整備、土地改良整備、ダム建設などの公共事業や本土大手企業によるレジャー施設の建設、別荘地造成などの開発、また、米軍による戦車道建設工事などありとあらゆる工事が行われた結果、大量の赤土が流出した。赤土流出を食い止めるため川には砂防ダムが建設された。そして、治水や利水のための河川改修が行われ、川岸はコンクリート張りにされたところが多くなった。源河川も例外ではなく、河川整備によって川は真っ直ぐにされ、取水のための堰や砂防ダムが作られた。その上、住宅地からの生活排水で汚れた川には昔の清流のおもかげはなかった。こうした環境の変化でリュウキュウアユはいつのまにか姿を消してしまった。

源河川の人たちはアユを失ってその価値に目覚めた。一九八六年、源河川の住民は「川をこのままにしてしまっていいのか？　以前、川にいたアユはどうして姿を消してしまったのか？　昔の川を取り戻し、豊かな川を子どもたちに引き継いでいかなければ。」という反省から「源河川にリュウキュウアユを呼び戻す」運動を展開した。アユ復活までには、次の三つの条件をクリアしなければならない。

①川の浄化（アユの住める水質にする）
②アユの確保
③アユが川と海を行き来できる川の環境づくり

このうち、第一番目の浄化の問題は、住民同士の話し合いがポイントであった。養豚業舎の畜舎排水の問題は改善され川への垂れ流しがなくなり、各家庭では生活排水に気を使うことにした。住民総出で川の清掃や行楽客へのマナーの啓蒙運動を行うとゴミが消え、川がきれいになった。第二の問題は唯一、リュウキュウアユが残っている奄美大島の住用村から卵を分けてもらい、多くの人達の努力で人工孵化に成功し、仔魚を放流することができた。第三番目。しかし、川にはアユが海との行き来を妨げる難所が多くある。アユの仔魚が吸い込まれてしまう取水場では、夜間の取水を停止するよう企業局に願い出、取水堰や砂防ダムには魚が通れる魚道を設置して、アユが生活しやすい川の環境を整えていった。こうした努力

源河の生徒たちの水生生物調査

の末、九年目に源河川にリュウキュウアユが戻ってきた。

このように、各地で「川の再生」に向けていろいろな取り組みが行われてきたが、基本はその地域の住民が元からあった地域の自然を大切にし、自分たちを育んできた文化や心をしっかりと支える川づくりが必要なのである。そして人間が地球環境の中の生態系に組み込まれた一部であることを理解し自然と共生して生きるという心構えが重要である。

砂浜に打ち寄せる白いレースのような飛沫、その背後に広がるイノーと呼ばれるさんご礁は、沖縄の島々にとって豊饒の海を生み出す生命線である。山の緑が騒ぎ立つうりずんを過ぎると、今度は満月に向けて浜辺が騒ぎ立つ。普段は内陸部で過ごすオカガニや、防潮林に住むヤドカリなどが、産卵の為に浜辺へ降り立つのである。

打ち寄せる波に乗せて腹部の幼虫を放ち、海に命を育んでもらう。この時期、砂浜の汀線は沢山の命を乗せて揺れるゆりかごとなるが、それを狙って沖の方からは多くの魚達が寄ってきて、生態系の連鎖を目の当たりにすることになる。

しかし、こうした光景を見ることの出来る砂浜は、減少の一途を辿っている。今や、全国トップの埋め立て県となった沖縄。リーフまで続く浅いさんご礁湖は格好の埋め立て場所と見られ、復帰後、米軍基地と引き換えに本土政府から与えられた沖縄開発振興基金が、広大な埋立地を生み出していった。埋め立て地の増加を示す面積増加率で全国トップとなった二〇〇〇年だけを見ても、奥武山球場の十三個分のイノーが消えている。また、県は一九八八年から二〇〇一年までの埋め立て面積を公表しているが、その十三年間に増えた面積は、八、七六平方キロメートルで、与那原町の約二倍の広さになる。

こうして沖縄本島のイノーは次々と消えて行き、今も泡瀬干潟の埋め立て計画が議論の的となっている。泡瀬干潟は本島周辺に残された最大の干潟で、渡り鳥の中継地として重要な場所だが、国が行う港湾整備に伴う浚渫土砂を埋め立てに利用しようと、この計画が浮上した。

地元の沖縄市は、面積の三六パーセントを米軍基地に提供していることを背景に、泡瀬干潟に一八六ヘクタールの埋め立てを行い、ホテルや企業を誘致するとした。しかし、ホテルの平均宿泊数が一人につき、五・二七泊という現実にそぐわない推測に基づいている事や、誘致する企業の具体性が無い事など、この計画に疑問を投げかける市民の声が高まり、住民投票条例の制定を求める運動が展開された。泡瀬干潟を守る連絡会が結成され、干潟の生態系の豊かさとそこに住む絶滅寸前の貴重種の事や、干潟の持つ浄化機能、子供達への環境教育の場としての活用などを訴え、住民投票条例請求に必要な五〇分の一を遥かに超える市民の書名を集めた。しかし、二度にわたって市議会に提出された住民投票の請求は、いずれも充分な議論がなれないまま二度とも否決され、七〇パーセントの市民が「埋め立ては見直す方がいい」との市民アンケートの結果も無視されたまま、工事着工を迎えている。

この他にも、埋め立て計画は県内各地で次々と続き、大宜味村塩屋、佐敷干潟など、自然を切り売りしながら経済効果を前面にだした政策ばかりが横行しているが、県内にも自然と寄り添う村づくりを実践しているところがある。

読谷村では復帰直後に、今後の村づくりの基本構想を構築するために、全体的な調査を行った。この時、重要視されたのが、海と陸を一体として捉える視点だった。ウミンチュに聞き取り調査を行い、イノーから陸域に繋がる海岸地図を作成し、村の先人達が築いてきた自然の力を活かす地域づくりの知恵を学び取ったのである。海岸保全は防風林を基本とする読谷村の方針が生まれ、一九八三年から現在まで、村内の海岸には七万本を超える植栽が、住民の手で行われてきた。読谷村を訪れると、コンクリートと消波ブロックに囲まれた沖縄本島の中で、県主導の人口護岸を止め、村の理念が活かされた景観が見られる。地域の主体性を強く主張できる背景には、強いリーダーの存在があり、読谷村の場合も山内徳信元村長の功績が大きかったといえる。

一方、地域の住民による自然保護の活動が動き出してきた経緯もある。沖縄テレビ報道部では、一九八一年から河川・環境シリーズを放送し、県内各地の川にスポットを当ててきた。都市河川の汚濁問題から始まったこのシリーズは、本島を北上する形で展開し、当時、怒涛の勢いで進んでいた開発による山原の赤土流出問題へと行き当たることになる。

山原の深い森を切り裂いてダムが作られ、森林の背骨にあたる中央部分に林道を通し、山の上をブルドーザーで均し、土地改良地区が出現していた。それぞれに担当する行政区が、予算執行に凌ぎを削ったわけだが、沖縄の自然特性に配慮しないままに進められた開発行為は、削られた島から血が流れ出すような赤土流出によって、川は海が赤く染まる光景をうみだしていった。川に棲む生き物達は、細い土砂の流入で巣穴が塞がれ、行き場を失う。また、ダムだけでなく主な川には、中南部へ水を供給するために取水堰が設置され、ポンプで水が汲み上げられた。この結果、山紫水明と言われた山原では、荒廃した水辺の状況が広がっていくことになった。

沖縄を襲った鉄の暴風から半世紀が過ぎた今、沖縄の自然は米軍基地と引き換えに降ってくる円爆弾によって五〇年前以上の打撃を受けている。我々の子孫から預かっているこの島の回復を目指して、今頑張らなければ、トートーメーの向こうで見ている祖先にお叱りを受ける事になるかもしれない。

あとがき

「水の沖縄プロジェクト」の誕生に際しては、「はしがき」で触れたひとりのアーティストとの出会いがありました。その人は「水」をテーマとして、日本・アメリカのみならず台湾やタイなど、広く東南アジアを舞台に活躍している方でした。私は沖縄の現代作家の何人かを紹介して、その中から意気投合する作家がでてくれればいいと考えました。しかし、実際には残念ながら、私が紹介した作家たちから、一緒に何かをやろうという人は現れませんでした。

優れたアーティストが沖縄で活動したいと望んでいるときに、誰もそれに応えることができないとしたら、とても残念なことだと思いました。私は沖縄県立芸術大学の教員ですが、専門は西洋美術史学であり、作家ではありません。芸大には多くの作家がいるはずなのに、どうして反応が鈍いのだろう。私がしゃしゃり出るのはおこがましいけれども、芸術大学に棲息する人間として一種の社会参加のかたちがあってもいいかもしれない。これを縁として、沖縄の文化と芸術に向けて、ひとつの新しい試みをなすことが出来るのではないか、と考えるようになりました。

そんな気持から私が悪乗りして作った組織が「水の沖縄プロジェクト」です。はじめは自分の力量を過信して、一〇〇人くらいのメンバーから成る組織を作れば、国際的な展覧会を開催することも出来ると夢想しました。しかし、旗揚げ講演会にあつまった人々のうち、会員になってくれたのは二〇人程度。それでも、それから会員数も伸びていけばいいと楽観しました。だが、現実はそんなに甘いものではありません。会員数は年を追って減少し、研究会を開いても二〇名を集めるのは至難の業でした。かの日本人作家が構想する大規模な展覧会を企画する力を私たちは自分のものにすることができなかったために、彼との協力関係は二〇〇一年七月をもって終了します。

ところが、実はそれ以後が正念場となったのです。「水の沖縄プロジェクト」は次第に沖縄に根差したものになっていきました。

私たちは五年間のうちに四回の展覧会を開催しました。そのうち、二〇〇二年の夏に玉城村で開催した野外展（参加アーティストは大城譲、上條文穂、高村牧子、森千香子、植村隆二郎、宮平光仁、具志尚樹、新城忍）と、二〇〇四年十二月に国頭村辺戸区で開いた展覧会が重要なものとなりました（出品作家は平面と立体を出品した喜屋武貞男、森千香子、平面作品として佐藤文彦、野外展示として大城譲、佐久間栄、富元明雄、高村牧子、映像作品として龍首則子）。本書に掲載された論文は基本的に全二三回開催された研究会での発表内容が中心となっています。ここに掲載できなかった研究会のなかでも、宮平光仁さん（「国立劇場おきなわ」勤務）、石野桂子さん（安謝川をきれいにする首里住民の会）、ジャン＝フランソワ・フロさん（カシャン高等師範学校）、本田明さん（一級造園技能士）、水口拓也さん（沖縄県立芸術大学大学院）、具志尚樹さん（ミュージシャン）、須田郡司さん（写真家）、長嶺操さん（興南高等学校教諭）、國吉房次さん

（東京芸術大学大学院）、新垣義夫さん（普天満宮宮司）など、記憶に残る研究会がたくさんあります。島袋美佐子さん、大城初さんなど、研究会に参加くださった皆さん。展覧会のポスターなどのデザインを担当していただいた宮城保武さん、林真人さん、金城英誉さん、兼城理沙さんをはじめ、いままで多くの方々の協力がありました。

沖縄県立芸術大学の学長就任後さっそく会員となってくださった朝岡康二先生、玉城村での野外展に力作を出品してくださった彫刻家の上條文穂先生、二〇〇三年の展覧会に参加してくれた水口拓也さん、掲載原稿を校閲してくださった長嶺操先生、田場由美雄さん、編集作業を手伝ってくれた大城彩美さん、出版を快諾されたボーダーインクの宮城正勝さん、新城和博さん、書肆への紹介の労を取ってくださった久万田晋先生、そのほか、本書はここに書き記すことのできないほどたくさんの方々の支えの賜物にほかなりません。心から感謝を申し上げます。

浅野春男（「水の沖縄プロジェクト」代表）

執筆者

●ぐしともこ（ぐしともこ）
1967年那覇市生。フリーアナウンサー。平成６年よりラジオ沖縄の「多良川うちなあ湧き水紀行」を担当。

●島袋美佐子（しまぶくろみさこ）
1947年那覇市生。主婦。向学心強く、「水の沖縄プロジェクトの研究会に積極的に参加。浦添市美術友の会会員。

●山城岩夫（やましろいわお）
1958年国頭村辺戸区生。各種の文化事業にかかわり、現在は首里城復元期成会事務局長。

●三輪義彦（みわよしひこ）
東京生。経歴不詳の謎のエッセイスト。論考に「中村久子の生涯」雑誌『エッジ』６号所載。

●佐藤善五郎（さとうぜんごろう）
1937年生。宮城県出身。早稲田大学第一文学部卒業（1963年）。那覇市文化協会・事務局長。著書『沖縄の希書を求めて』根元書房、他。

●佐藤文彦（さとうふみひこ）
1966年生。東京都出身。東京芸術大学大学院後期博士課程修了（1995年）。沖縄県立芸術大学非常勤講師。著書『遙かなる御後絵－甦る琉球絵画』作品社。

●大城譲（おおしろゆずる）
1954年糸満市（兼城村）生。画家。沖展会員。沖縄県美術家連盟理事。絵画教室主宰。

●掘隆信（ほりたかのぶ）
1968年生。沖縄県立芸術大学出身で、現在は同大学非常勤講師。修士論文に「明治期の置物について」（未刊行）。

●浅野春男（あさのはるお）
1950年東京生。沖縄県立芸術大学教授。専門は西洋美術史。著書『セザンヌとその時代』東信堂。

●安里英治（あさとえいじ）
1961年生。沖縄出身。琉球大学理学部（海洋自然科）助教授。専門分野：無機合成化学、錯体合成化学。

●寺田麗子（てらだれいこ）
1949年生。OTVで環境問題を扱った番組を多く担当。現在は沖縄玉水ネットワーク副代表。著書に『川は訴える』（ボーダーインク刊）。

ばさないBooks④
水の沖縄プロジェクト
水とアートと沖縄／新しい芸術運動を目指して

2005年3月30日　初版発行

編著　浅野春男

発行者　宮城正勝

発行所　（有）ボーダーインク
〒902-0076　沖縄島那覇市与儀226-3
TEL098-835-2777　FAX098-835-2840
http://www.borderink.com
Wander@borderink.com

印刷所　（資）精印堂印刷

Printed in Okinawa ISBN4-89982-083-6 C0070